翻轉學

關鍵時刻
56個不動氣的責備技巧，
打造士氣高、
效率驚人的優質團隊

好主管就該學的不傷感情責罵術

暢銷新裝版

中嶋郁雄——著 黃筱涵——譯

叱って伸ばせるリーダーの心得56

Contents

目錄

Chapter 2

不起衝突的責備，如何開口，效果最好？

Chapter 3

11件職場日常小事，主管如何責備？

Chapter 4

不能罵的部屬、上司、客戶，主管如何回話？

Chapter 5

白目、出張嘴、難搞的部屬，如何罵出成果？

Chapter 6

9個高明責備技巧，打造超高效團隊

前言

主管絕不能「只說好話」！

老闆、管理階層、團隊領導者中，有許多人都對「帶人」感到困擾，其中最大的煩惱，就是「不知道怎麼責備部屬」。擔心被誤以為用職位的權威霸凌部屬、或是怕萬一部屬挨罵後，不肯上班就糟了；以及雖然很想開口責備，卻不知該怎麼表達才好……。

許多主管都過於顧慮部屬的心情，而「不敢開口責備」。但是，真的希望部屬有所成長時，主管透過「責罵」，才能讓他發覺必須即刻改進、修正之處。

責備，是讓部屬成長的關鍵

我在小學教書的同時，也成立了「責備話術研究會」，藉由研究會舉辦的活動幫助人們體認告誡、責備的重要性。

一開始，我主要是在教育界舉辦的演講上擔任主講，並在相關雜誌上發表文章等，但經過口耳相傳後，現在也以「打動人心的責備話術」為題，舉辦適合大學生、一般民眾的講座。回過神來才發現，與會者已經超過千名商務人士，報章雜誌等媒體，也會來向我尋求「帶人的責備話術」意見。

前往全國各地演講時，我發現社會上其實有許多年輕上班族，希望主管能明確指摘他們的錯誤，進一步追問後，他們的心聲是：「公司主管怕我心靈受創，即使犯錯、失敗，仍會顧及我的心情，儘管很感謝這份心意，但仍希望主管能夠明確指出我有哪些地方需要改進。」

或許會前來參加自費講座的人，個性大多較積極進取，而這類型主動積極的上班族，都希望主管能夠認真地指出自己缺點，甚至仰慕這些嚴厲的主管。這樣的情況，是否為各位主管打了一劑強心針呢？

為了「不敢開口訓誡的主管」與「希望被指出錯誤的部屬」，填補雙方認知中的差距，即是我執筆本書的契機。

居於管理職時，難免會有必須嚴詞以對的時候，即使只是偶爾發生，仍必須做好被對方討厭的覺悟。但是，如果由衷希望對方成長，適時責罵才是真正為部屬好。

「不能只是稱讚就好了嗎？非得要責罵……」相信很多人都抱持這樣的疑問，而這也是我在講座和演講上經常聽見的疑問。確實，讚美能夠使部屬更喜歡工作，但只有「責罵」，能夠讓人體認到自身不足處，並下定決心改善缺點。

將責罵形容為「捨棄自我、為對方付出」並不為過，畢竟，面對自己毫無期待的對象，根本懶得多費唇舌，多半是希望對方變得更好並獲得成長，才會嚴詞告誡。

正確的責備話術，對一流人才最有效

棒球教練野村克也曾說過：「三流選手無視即可，二流選手得藉稱讚成長，一流選手則用責罵培育。」事實上，知名捕手古田敦也就曾在受訪時表示：「野村教練從未稱讚過我。」

一般公司當然不可能將員工置之不理，但在各個專業領域中，指導者的責罵背後，都蘊藏著恨鐵不成鋼的意味，希望藉此培育出一流人才。

我想對害怕表現出疾言厲色的現代人大聲疾呼：「訓斥是愛的表現，各位開口訓誡時，應該更有自信才對！」

一位參加講座後的學員發表他的感想：「我終於知道，不敢真心指出對方缺失，原來是不負責任的；一直無法開口責備部屬，其實是因為我缺乏自信。」這也是很多人的心聲，也表現出大家對「如何帶人」的困擾。

「為對方著想，才會出言訓斥」，只要記得這個道理，自然就可降低在表現出疾言厲色時的膽怯。無須煩惱該如何培養自信，因為透過正確的指摘和責備，能夠讓人體認到身為主管的職責，連帶地也能獲得成長。

如前所述，透過「責備」而成長的不只有部屬，主管的人格也能藉此有所成長。不過，由普通職員升任為主管的人，不太可能在一夕之間就突然具備領導者的性格。

但是，只要與部屬真誠以對，有時為了培育對方而暗自忍耐、苦惱，有時以嚴厲的心放手讓對方自行體會挫折，在背後默默地守護等，這樣的過程不僅可磨練「挨罵者」的人格，連「罵人者」的人格都會有所成長，最後更能藉此習得真正的強悍，成為備受信賴的領導者。

由此可知，「責備」同樣能鍛鍊領導者本身；也就是說，部屬與主管會藉由這些過程教學相長。事實上，正確的責備技巧本來就能夠帶來雙贏的局面。

每個孩子都曾說過：「將來希望成為了不起的大人。」並會對誠摯關心自己的老師、會嚴厲指出自己缺點的老師產生欽慕之情。孩子本來就十分感性，能夠敏銳地察覺眼前人是否真心為自己著想。

成人亦同，尤其是還沒被公司中的約定成俗所影響的新人，更會以直覺的感性思考，判斷這個人值不值得信賴。那麼，你是否認為自己稱得上是值得信賴的主管呢？自認「現在還不是」的人，在看完本書之後，一定能自信地說出「ＹＥＳ！我是一位值得部屬信賴的主管」。雖然適時的讚美同樣非常重要，但是不肯表現真正想法、總是對部屬和顏悅色的主管，無法吸引他人跟隨。甚至有些理性的部屬，會認為這類主管「害怕衝突」、「逃避麻煩事」。

面對責備、訓斥自己的主管時，或許最初會抱持反抗的態度，但是久而久之，卻會忍不住想追隨這位「真心帶人的主管」。由此可知，**願意表現真正想法的主管，才是真正的領導者**。

由衷希望各位透過本書，成為能夠開口責備部屬，值得信任、令人想追隨的真誠主管。

第1章

不敢罵、不懂罵？主管得先學會「責備的原則」

1 不敢責備的主管，其實很自私！

責備部屬後，可能會惹對方反感、也可能讓事後相處變得尷尬。儘管是為部屬著想才會出言責罵，但對方還是需要花點時間才能想開，並接受指導。

在那之前，很多主管會不禁自問：「我真的適合管理職位嗎？」「當初不應該罵他的……」事實上，毋需多慮。

帶著情感責罵，才是好主管

畢竟「罵人者」與「挨罵者」，本來就會在「責備」的過程中激盪彼此的情緒與感受，正因為這個行為觸動到「情感」，事後當然會感到尷尬。從部屬的角度來看，情感受到刺激後，才懂得重新審視「自己的不足之處」、「應改善的缺點」。

經營學泰斗加護野忠男曾說過：「有些人認為『感情用事不好』，但是過於克制情感反而無法發揮什麼效果。唯有帶著感情訓斥部屬，對方才能夠感受到主管的價值觀。」

前面不斷強調「帶人的責備話術」，想必會有人感到懷疑：「只靠稱讚不行嗎？」確實，稱讚能夠讓人更努力發揮自己的優點，但是，**要察覺到自己的缺點並意識到改善的必要性，則必須仰賴他人的指摘。**

這裡要告訴各位的，並非「不會造成尷尬的責罵方法」，而是「在開口指摘錯誤前，雙方應先建立什麼樣的關係？該如何開口？責備後該如何應對？」將這些狀況處理妥當，才能顯現出身為主管的領導能力。

只會當好好先生，將產生負面影響

儘管如此，仍難免會出現雙方陷入長期的尷尬、最後反被部屬討厭等情況，因此，本書將要教主管們如何避免破壞職場關係的帶人話術。

「責備」容易給人負面印象，「部屬不會因為被我責備而討厭我、和我保持距離嗎？」身為團隊的領導者，你是否對這種想法心有戚戚焉呢？蘊含其中的心情，正是

「不希望被討厭」。正因為害怕被部屬、後輩討厭，才無法開口指正他們。

「不希望被討厭」，是極其自然的心情，每個人都會有這種想法，高高在上的主管當然也不例外。但是，就因為「不希望被討厭」而放過他人的缺失，後續可能會造成更大的負面影響，具體來說有以下三種。

影響1 阻礙部屬，無法從錯誤中學習

大部分的工作經驗，都是從失敗中學習。實際嘗試並親自體會失敗滋味，才能確切地了解「在這份工作上有哪方面不足」、「今後該加強學習的是哪方面」。

但是，在年紀尚輕、個性還未成熟時，別說不足之處了，許多人連自己的缺失都未必能發現。當人們未意識到自己在某件事情上的缺失時，就會誤以為「我本來可以勝任，但都是因為別人的關係，我才沒做好」。

主管有教育部屬的責任，必須藉由責備或指摘，幫助部屬注意到自己的缺失，敦促對方在反省的同時繼續成長。

影響2 主管的帶人能力，會遭受質疑

若是主管發現部屬、後輩的缺失後，卻假裝沒看到時，其他人一定會懷疑他的指導能力與管理能力。事實上，公司裡無論高階主管或是其他同事，都在默默觀察這位主管是否懂得帶人。

假裝沒注意到部屬的缺失，會使更高階的主管對此質疑：「你連這種小事都做不好嗎？」當然，部屬也會因為沒被指出疏失，而得過且過：「做到這樣就可以了。」甚至會誤以為當初沒挨罵，是因為「沒做錯」，最後對這次的失誤毫無反省之意。

因此，不行就是不行、錯誤就是錯誤，一位好主管必須確切指明，才能夠督促部屬反省。主管若無法以自信、果斷的態度指導部屬時，會漸漸失去其他同事和主管的信任，最後更會有被部屬輕視的可能。

影響3 因不敢指出錯誤，難以取得部屬的信任

越是「不想被他人討厭」、「想與大家和平相處」，就越容易喪失他人的信任，甚至被討厭。

舉例來說，放任某個部屬的缺失未加以責備時，其他部屬就會感到不滿：「幫他擦屁股的可是我們耶！」**假裝沒注意到部屬缺失的主管，只是想要保護自己罷了！**無論主管本身想法如何，至少其他同事的想法是如此。

我們會受到誠懇、真摯的態度吸引，誠懇待人、真摯面對工作的人，即使有些笨拙，仍會受到信賴與喜愛。無論何時都能夠接受部屬的缺失，並以一貫的態度指導對方時，部屬就會認為這樣的主管做人相當誠懇。

這種主管說出的話，自然而然會有一定的份量，部屬勢必也能夠接受他的指導：「那個人說的一定沒錯」、「能夠理解主管為什麼指正我。」

不敢責備，將造成三大負面影響

1 阻礙部屬從錯誤中學習成長

如果我有做錯的
地方，真希望有
人可以指導我。

2 主管的帶人能力會遭受質疑

他好像不適合擔
任主管職啊……

3 只會當好人的主管，難以信任

只想明哲保身，
裝什麼好人！

2 情緒化的責罵，部屬不會進步

責備的初衷，是期望對方成長。苦勸對方時，若不是抱持著這種心情，就稱不上是成功的「責備」。儘管如此，當主管身陷忙碌的工作，難免會有控制不住情緒的時候。因此，以下將說明三種「主管千萬不要有的責備方法」。

錯誤1 濫用職權，強迫部屬接受的責備

利用身為主管的職權，藉由權勢強迫對方低頭、閉嘴，是最惹人嫌的方式。當然，很少有人會直接用這種方式，但是儘管主管沒有這個意思，還是可能讓部屬暗暗懷疑：「根本是藉機會發洩吧？」

例如：在對方表現出反省態度之前，窮追不捨的責罵。最常見的就是不斷地逼問對方：「你真的懂了嗎？」「說點什麼吧？」要求對方親口說出反省的話。但是，這

麼做不僅無法讓人主動反省，還可能讓人覺得是「強迫部屬說出你想聽的話」。

持續用這種責備方法，會為自己帶來負面形象，被認為是一個對位高者畢恭畢敬，面對部屬或地位較低的人時，就會卯起來展現力量的權威主義者。

一旦受到這種形象纏身，日後即使只是行使主管應有的權力指揮部屬，背後仍會遭受議論：「這個主管真愛使喚人。」

錯誤2 夾雜個人情緒的責罵

試著想像早上剛進公司的畫面：你身為主管，明明先開口打招呼了，竟然有部屬當作沒看到，直接走掉……遇到這種情況，任誰都會怒火中燒，覺得部屬欠缺職場的基本常識，進而滿肚子火氣：「這傢伙連打招呼都不會嗎？」當他人的行為不符合自己的價值觀時，心情上大受影響，是很正常的現象。

但是這同時也是問題癥結點，當主管對部屬的行為感到憤怒時，究竟是會「放任憤怒影響判斷」？還是「站在對方的立場思考」呢？

最常見的狀況，就是怒氣沖沖地責問對方；為了讓憤怒獲得紓解，許多人都會選擇直接宣洩情感。「出社會了，一點應有的禮儀都沒有嗎？」「你以後一定會因為這樣的態度吃虧的！」一邊不客氣的責備，心中也一邊想著：「希望他感受到我有多火大！」「想教訓到他啞口無言！」不自覺地提高音量、露出不耐煩或躁怒的神情，這就是標題說的「夾雜個人情緒的責備方式」。

「責備」與「謾罵」乍看相似，實際上有天壤之別。面對不如自己預期的事，不斷以言語表現憤慨的心情，是「謾罵」；然而「責備」卻是由衷希望對方成長，所以用疾言厲色的口吻和表現，想藉此讓對方察覺自身失誤、進而反省。

錯誤3　對人不對事，有失公允的責罵

明明是同樣的錯誤，主管責備了A，對B卻輕輕放過；同樣的行為，主管的反應卻因犯錯者而異；主管心情不好的時候，部屬還常莫名被掃到颱風尾。

像這樣對人不對事的責備方法，就會讓部屬感到差別待遇。就算只有偶爾發生一次，**但是只要讓部屬感受到「主管偏心、不公正」時，日後就必須耗費相當大的心力與時間，才能夠挽回部屬的信任**。想要預防這種情況，就必須確實掌握身為領導者的分寸和責備的標準。

三種情緒化的責罵，絕對無效

1 濫用職權，威嚇式的責備

我是主管，
不准違抗我！

2 夾雜個人情緒的責備方式

你到底懂不懂
啊？真是太不
像話了！

3 對人不對事的責備方式

和A有私交，
這次就算了。

3 賞罰分明，責備後的應對很重要

透過責備，讓犯錯者警覺疏失，並加以反省後，主管應該立即當作什麼事都沒發生似的，以平常的態度對待部屬。

也就是說，主管應想辦法營造出「責備時」與「責備後」的不同氣氛和形象。乍聽之下很簡單，實際執行起來卻很困難。但是，想要成為會帶人並受部屬信任的主管，就必須擁有這樣的技能。

打破責罵後的尷尬，只有主管做得到

主管沒有明確表現出「責備時」與「責備後」的不同態度，在指摘完部屬後，仍板著一張臉、散發出嚴肅的氛圍時，會讓部屬一直戰戰兢兢，心想：

「主管還在生氣吧？」

「我是不是被討厭了？」

「主管是不是覺得我很沒用？」

部屬忍不住疑神疑鬼，偷覷主管的臉色，最後就會拉開彼此間的距離，或是過於畏縮，難以用平常的態度溝通。

當然，主管並沒有放棄部屬，仍對部屬有期許，只是站在對方的立場，想著：「他才剛被罵完，應該也不想跟我說話吧？」才會暫時保持距離。但是主管必須了解，這種做法反而會讓部屬惴惴不安。只有責備，無法把部屬帶好，必須搭配適當的「結尾收場」。

責備告一段落之後，由主管打破僵局，以平常的態度主動向部屬搭話，這時自然能夠消除尷尬氣氛，**部屬會因為談話最後的氣氛，影響後續工作的心情，以及之後和主管相處的態度**。

主管才剛嚴厲訓斥完失誤的部屬後，「責備者」與「挨罵者」的心情都好不到哪裡去，自然而然會產生尷尬的氣氛，這是無法避免的狀況，也因此，這個氣氛必須由責備者（主管）打破。

對事不對人，責備才有效

該如何打破尷尬的氣氛？很簡單，責備結束後，以笑容與開朗的聲音對部屬說：「記取這次的失敗經驗，下次要特別小心。」「我對你的期望很高。」如此一來，尷尬的氣氛就能夠煙消雲散。主管在責備過後，必須鼓起勇氣、用笑容結束對話，讓部屬看見自己態度的轉變。

責備過後，必須更進一步地留意部屬的工作狀況。重點在於若是看見部屬聽從指導、努力改善的模樣，必須要立刻大加稱讚。

展現出「失敗就罵，改善就稱讚」的態度，如此一來，雖然部屬剛受到嚴厲的責罵，仍會覺得：「主管有將我的表現看在眼裡，他是為了培育我才出言斥責的。」當然也不怕事後關係變得疏離。

但是，責罵時帶有個人情緒的話，眼裡就只看得見部屬的缺失，而難以實踐這個步驟；欠缺後續的稱讚時，這次的失誤就會以「責罵」告終。

讓部屬知道，責備不是否定他

嚴厲斥責部屬後，第二天早上到公司時……

✕ 因為感到尷尬，迴避和部屬打招呼、交談

……
還在生氣嗎？昨天做錯的事讓主管開始討厭我了嗎？

○ 用和平常相同的態度，自然地打招呼

早安！
主管好像已經不為昨天的事生氣了！
今天我也要好好加油！

4 被罵後的心情，主管一定要懂

經驗豐富的主管，有責任帶領部屬邁向成長之路。為此，在意識到主管職責的同時，要想辦法與部屬建立出穩固的互信關係。

如果平常未藉由溝通構築良好的信賴關係，無論主管多麼擅長責備話術，仍很難達到期望的效果。接下來我將說明建立良好關係的原則，主管可藉此贏得部屬的信賴，並讓部屬認為：「這個主管說的，我願意聽！」

打造職場互信關係，把握三大原則

❶和部屬太親近，就會失去「分寸」

近來社會上興起一股風潮，主管們發現必須要「重視部屬的心情」，每個人都想成為深受部屬愛戴的理想主管。

但是現實情況中的主管，卻必須擁有不畏負面想法的氣魄，就算部屬感到不滿、就算被部屬討厭，仍必須幫助對方學會商務人士應有的技能。因此，當部屬發生失誤時，就必須抓準時機嚴厲斥責。

唯有在平常工作期間，就讓部屬意識到主管居於「指導地位」，才能巧妙地掌握與部屬間的距離。當上主管的資歷越長，遇到年紀比自己大的部屬機率也越高，所以越早奠定「指導者」的形象越好。

❷每一步都下指導棋，部屬會失去信心

領導者最容易犯的錯誤之一，就是與部屬互相競爭，想證明「自己比部屬優秀」。但是，領導者最重要的工作，其實是幫助部屬提升能力與幹勁。

越資淺的領導者，越傾向「步步都要下指示，避免部屬失敗」的指導方式。這種做法雖然是為部屬著想，但是卻會令對方覺得「一舉一動都必須依照指示」，也難以提升部屬的獨立作業能力。因此，**想要成為備受信賴的主管，就必須相信部屬，並賦予符合其能力的任務。**

此外，當部屬發生失誤、工作遇到瓶頸或是人際關係有困擾時，領導者也應適時

地給予建議，才能夠成為「值得信賴的主管」。

❸責備時要嚴厲，製造和平時不同的反差感

在職場上，必須時刻留意自己的遣詞用字、表情和行為等，保持「溫和且開朗」的態度，可以說是當主管的基本原則。但是遇到問題時，就必須嚴肅地指出缺失，以堅定的態度指導部屬。

「主管平時好說話，但處理問題時會很嚴格！」當部屬產生這種想法時，即代表主管的等級又更上一層樓了。

舉例來說，主管事先表態：「面對公事，絕對不可以說謊或蒙混，我對這種事是很嚴厲的！」日後發現部屬說謊、蒙混時，就必須立即褪下平常的溫和態度，以截然不同的嚴厲態度責備：「為什麼要做這種事？」

只要貫徹這三大原則，肯定能夠與部屬建立良好的信賴關係，而詳細做法則會在第六章補充說明。

打造好關係，從「信任」開始

打造職場上信賴關係的三大原則：

1. 和部屬太親近，就會失去「分寸」
2. 每一步都下指導棋，部屬會失去信心
3. 責備時要嚴厲，製造反差感

➔雙方彼此信任時，部屬也較聽得進勸導。

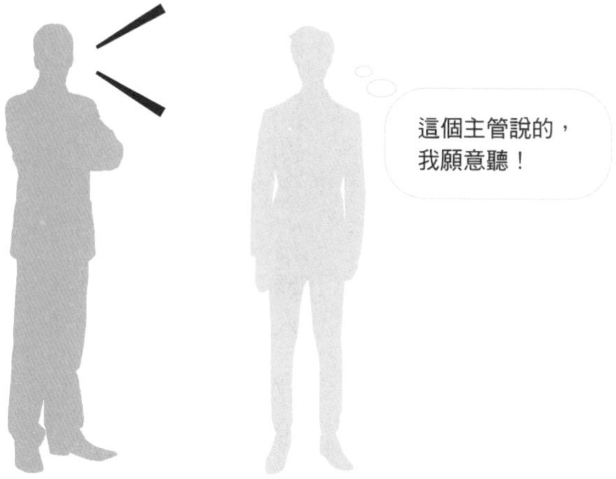

5 平時多觀察，「責備」對誰最有效

舉辦研討會、演講時，我最常聽到的問題是：「哪種部屬不怕被罵呢？」「責備後能有所成長的人，有什麼特徵呢？」

各位主管想想看，身邊是否有一種部屬，能讓你放心地指出他的缺失？試著回想關於他的一切，你會發現自己很欣賞對方，對他也抱持很大的期望。這種人，就是受到責備後會成長的人。

培養「被責罵，也能虛心接受」的部屬

嚴厲斥責後，依然緊緊跟隨在後的部屬；無論受責多少次，都能夠繼續向主管請教的部屬。這樣的部屬，才能透過主管的責備而不斷成長，擁有大好前途。

同樣是責備，主管當然會想把心力花在值得的對象。因此，培養精準的眼光，確

認哪種部屬具備這這種不屈不撓的正面資質，是非常重要的。這類人才的主要特質，可概分為下列三項。

❶正面能量強，能樂觀看待各種事物

樂觀的人，會將失敗、挨罵視為成長的糧食。**這類型的人多半能夠在挨罵後，迅速、主動地向主管搭話、請教工作事宜**，並願意說出「我以後會更加注意」、「非常感謝您的指教」等正面的回覆。

透過日常工作態度和談話，發現樂觀積極的部屬，或是訓斥後會主動前來搭話的部屬，不妨多放些心思在他們身上吧！

❷誠實、不推諉，沒人看到也會努力做到最好

有成長空間的人，也必須是個誠實的人，因為「誠實」等於「不會欺騙自己」。能夠誠實工作的人，通常無論是多麼不起眼的工作，他們都能盡心盡力；只要受託任務就會負責做到最好，就算是在沒人看見的地方，仍然會認真工作。

這種人絕對能夠透過責備獲得更多力量，因為他們不會推卸責任，能夠誠實面對自己應負責的事物。但是，這類型的人多半不擅言辭，沒辦法完善地展現出自己的工

作成果。這時就取決於主管是否能夠睜大雪亮的雙眼，看見認真部屬的汗水了。

❸能坦然接受批評、指摘，並確實改善

成長所需的眾多要素中，「坦率」是最重要的特質。「這裡做得不好，一定要改進！」他們能接受主管的建言，並藉由實際的行動改善。只要主管的指導有說服力，他就願意立刻改變，每個主管都應珍惜這種率直的部屬。

此外，當他們主動提出不同意見時，主管也應好好地傾聽、懇談。因為這類型的部屬性情率直，就算受到責備，只要主管言之有理，他們就能夠往前邁進。因此，和個性率直的部屬產生衝突的火花，反而能夠帶來正面效果。

想要看透部屬的資質，確認他們是否能夠因責備而成長，就不能被華麗的表象、良好的第一印象所迷惑，應仔細地觀察所有人的工作狀況，**了解哪個人在受到責備後會立即改善？哪個人嘴裡說著「知道了」、卻依然故我？**因此，主管平常就應多鍛鍊看人的眼光。

懂得反省並成長的部屬，有三大特質

1 正面能量強，能樂觀看待各種事物

Check Point

是否能夠將失敗視為成長的糧食？

2 誠實、不推諉，沒人看到也會努力做到最好

Check Point

不管工作重要與否，都會盡心盡力？
在別人看不到的地方，仍會認真工作？

3 能坦然接受批評、指摘，並確實改善

Check Point

受到責備後，是否願意改善？

➔發現有成長潛力的部屬，是身為主管的重要職責！

被罵就受傷的部屬，如何責備？

出言責備、指摘，是為了讓他做得更好，但是卻有部屬無法接受指導、建言，還會將主管當成可怕的壞人，避而遠之。隨著主管職的資歷逐漸增加，相信難免會碰到這類型的部屬。

坦白說，這類型的部屬會令人感到力不從心，很難抱著期望、培育對方成長的心情。但是，這不代表你能「睜隻眼閉隻眼，輕輕帶過不責備」，當主管閃避某位部屬的態度過於明顯時，反而會有礙與其他部屬間的相處。

因此，即使知道部屬很排斥主管的疾言厲色，仍必須針對其缺失提供適度的指導，這時的重點，在於降低自己的期待。「期待」會讓人不由自主放入感情，也更傾向嚴格指導。

但是，部屬沒有這種積極心態時，主管的態度越嚴厲，就越難感受到主管的苦心，只會越躲越遠，這樣的結果對雙方來說都不是好事。

後面會談到「責備的基本技巧」與「穩固信賴關係的方法」，但是當這些方法無法奏效時，就必須考慮對方是否為「無法因責備而成長的人」，並找到更適當的指導方法。但是切勿因為一時氣昏頭，而徹底否定對方，認定：「花時間在他身上，是浪費時間！」

此外，也應多加留意「反覆犯下相同錯誤的部屬」，對工作有熱情、自動自發的人，只要經歷過一次失敗，就能夠從中學習到教訓。但是，當部屬挨罵之後仍不以為意，繼續犯下相同錯誤時，就代表其欠缺上進心。這時應以合理的要求為前提，強迫對方確實改善。

第2章

不起衝突的責備，如何開口，效果最好？

1 不傷感情的責備，如何開口？

「責備」有特定的模式與流程，接下來要說明的四個步驟，是責備最基本的原則，主管在開口指正部屬前，應牢牢記在腦袋裡並融會貫通，學會如何讓部屬主動改進，又不傷感情的責備話術。

責備也有SOP，這樣說，效果最好

❶**提醒**▼主管要讓部屬感覺到「我發現你犯錯了」和「我對你的行為感到不滿、不悅」。這時，主管可以用「我想跟你談談關於〇〇的事情」、「你現在有空嗎？想和你簡單聊聊」為開場白。

❷**說服**▼「繼續這樣會造成……，屆時對你也會有負面影響。」讓部屬知道遭受責備的理由，是不傷感情的責備過程中非常重要的步驟。同時，主管應想辦法

說服部屬，讓他認為「主管因為這種事情責備我，也是應該的」、「如果我再犯，會讓其他同事難做事」。

❸讓部屬反省▼「同樣狀況再發生，就知道如何處理了吧？」「希望你不會再犯」，除了說服部屬認同被訓斥的理由，也應引導部屬反省。

❹讓部屬改善▼「我會繼續觀察你的表現。」藉由這種表達方式，促使部屬自動自發地改善缺失。

我透過研討會與演講的交流，發現很多主管都不是從「❶提醒」開始，而是突然就跳到「❸讓部屬反省」。

因為很多主管都不是「為了讓部屬成長」而開口責備，僅是想要表達自己的不滿罷了。「我超火大的」、「要讓部屬感到丟臉」，這些主管最大的目的，就是想宣洩這些情緒，因此一開口就咄咄逼人：「你給我好好反省！」

在正確的時機開口，才能推動部屬成長，注意責備的口吻和用詞，能夠避免責備後破壞彼此的關係。在開口前，若能先想到自己「責備的目的」，自然就會遵循以上的話術SOP。

2 責備後的效果，取決於責罵程度

事有輕重，有些小事不必過度苛責，較重要的事則「不允許犯錯」。因此，責備程度也應隨著事態嚴重性調整。

想要發揮責備的效果，就應事先決定好「責備等級」，才能依事態輕重決定適當的責罵程度。層次分明的責備，能大幅提升對部屬的指導效果，也是成為真正領導者的第一步。

責備程度依內容分為「輕度、中度、重度」三種等級，各位在閱讀這三種責備程度的說明時，也應試著分辨其中的差異。

輕度↓叮嚀般的責備，穿插在言談中

和部屬說話時，對方總是在發呆、沒有回應，或印完資料後，總是忘記把原始資

料拿走等，**這種事不必特別把對方叫到跟前「聊一聊」**，只要帶著笑容、以平常的語氣**叮嚀即可**。

「你老是在發呆耶，這樣不行喔」，在言談中若無其事地提醒、叮嚀，讓部屬不好意思地笑笑回應，是最恰當的程度。

中度↓稍帶嚴肅的提點，不用長篇大論

當部屬重複同樣失誤、不見改善，若放任不管可能會在未來演變成大問題時，就應選擇中度責備。主管可以特別要求部屬來到辦公室，稍微花點時間提點他。

對部屬來說，被主管叫住並當面指正，就具有一定程度的壓力，因此不需要擺出太嚴肅的表情，只要維持沉穩的態度與理性口吻即可。

即使不刻意表現出來，當主管用堅定的態度與語氣時，從部屬的角度來看，就已經形同受到嚴厲指正了。

重度➡用嚴厲的口吻和態度，私下進行

當部屬犯下的過失，是「絕對不允許發生」的程度時，就需要嚴厲的訓斥。

這時最合適的態度就是疾言厲色，但主管仍必須保持頭腦冷靜。責備的過程中，「責備者」與「挨罵者」都應維持端正的姿勢。看見主管挺直不動的背脊、嚴肅的表情、嚴厲的口吻時，部屬也會不自覺地挺直腰桿。

進行這種等級的責備時，應選在其他人看不到的地方，因為部屬也有自尊心，不希望其他人（尤其是年齡相近的同事）看見自己被嚴厲訓斥的模樣。**責備，不是為了使對方丟臉**。當主管在指摘、訓誡時，應將這個道理銘記在心。

嚴厲訓斥的次數越少，獲得的效果就越大。平日總是冷靜指導的主管，這次態度卻格外嚴厲，會讓部屬更深刻地意識到：「這次的錯誤絕對不可以再發生了！」

必須讓部屬確實記住的事情，就採用「嚴厲訓斥」，沒那麼嚴重的狀況就採用「冷靜提點」，讓責備程度有所不同，才能夠獲得確實的效果，幫助部屬理解主管的想法。

依不同狀況，決定責備程度

Level 1　叮嚀般的責備，穿插在言談中

以溫和的用字遣詞搭配笑容，宛如叮嚀的責備等級。

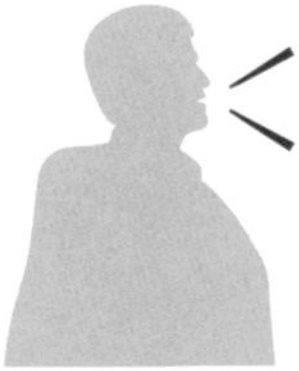

Level 2　稍帶嚴肅的提點，不用長篇大論

和部屬面對面懇談，應採用堅定的態度。

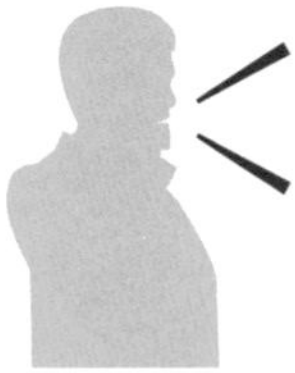

Level 3　用嚴厲的口吻和態度，私下進行

在非公開的場合，疾言厲色地訓斥，但不可流於發洩情緒。

3 常說「加油」，部屬會喪失幹勁

「態度不嚴厲的話，部屬就不會進步」、「只是口頭訓誡，應該不會讓部屬覺得受傷吧？」對部屬求好心切，讓主管們有時會表現得較為嚴格。

但是別忘了，就算主管真心誠意為部屬好，展現出的嚴厲態度仍會對部屬造成極大負擔。我常從主管們口中聽到這種狀況：「有位部屬平常真的很努力，但卻因無法向其他人傾訴，最後辭職了。」

「鼓勵」和「否定」，只有一線之隔

我很了解各位對部屬或後輩有所期待的心情，也理解各位希望對方成長的熱情，但是，指導時若沒有考慮對方的個性與狀況，反而會讓他走投無路。因此，責備後必須持續觀察，必要時更應告知具體的改善方法。

部屬獨自努力了一段時間，對於某個問題仍不知該如何應付，對此感到焦頭爛額時，卻只簡單地對他說「加油」，部屬會認為「我已經這麼努力了，結果還是需要『再加油』嗎」，反而感到非常受傷。

或是，當部屬因不斷失誤而沮喪時，只說了句「別太勉強自己」，這時反而會讓部屬誤以為「叫我別太勉強，是認定我的能力不足以克服這些狀況」，認為主管對自己沒有任何期待，反而更加沮喪。

事實上，主管說出這些話時，都是不帶惡意，甚至出發點是為部屬著想的。但身為領導者，想安慰部屬時，更應仔細斟酌說出口的一字一句。

責備完後，記得用「這句話」讓部屬平復心情

想避免部屬、後輩反因自己的安慰而沮喪、受傷時，該注意哪些問題呢？首先，各位主管和前輩要知道，沒有人能夠完美地做好一件工作。

尤其是尚未習慣工作內容、經驗不足的部屬，更是容易發生各種失誤，有些狀況甚至讓主管不可置信：「怎麼可能發生這種錯誤？」

當部屬發生了與外行人無異的低級失誤，誠惶誠恐地前來認錯時，主管一肚子的怒火，想必已經燒到頭頂了。

這時別再罵他：「你有心要工作嗎？」「你進公司以來都學到了什麼？」主管必須了解，**當你責備的同時，部屬通常已經在反省了，對失誤感到最懊惱的，其實就是犯錯的當事人**，主管不斷責問「竟然犯下這種低級失誤」，就像在對他窮追猛打。

在職場上本來就會遇到各式各樣的狀況，但是面對剛出社會的部屬時，仍應想辦法讓其保持開朗的心情，所以建議採用激勵的方法：「只要想辦法補救，最後結果是好的，就沒關係。」

剛責備完菜鳥部屬時，主管應想辦法讓對方平復心情，就算只說一句話也好，例如：「今天辛苦你了」、「放下今天的失敗，想想明天該怎麼努力」。每個人都可能犯錯，會帶人的主管懂得讓部屬在下班時，還能抱著「雖然被罵了，但又學到了很多」的心情，隔天一早開朗地走進公司。

對部屬來說，主管在下班前的一席話，會成為隔天上班的動力來源，無論是哪種程度的責備，結束時，都要加上讓部屬重新振作的一句話。

讓責備成為動力，而非壓力的祕訣

每個人遭受責備後，都會感到沮喪。

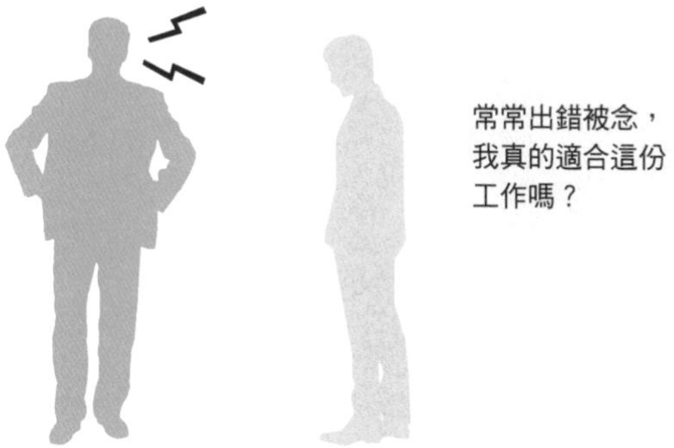
常常出錯被念，
我真的適合這份
工作嗎？

一句簡短的勉勵和打氣，就能讓部屬重新振作。

辛苦你了，明天
也要加油喔！
好的！

4 忍不住動怒時，先冷靜三秒再開口

有些部屬在受到責備後，卻不見反省態度，讓主管再度火冒三丈。儘管不斷在心底告訴自己，「責備是為了讓對方成長」、「不是因為個人情緒才出言責備」，但主管仍會不由自主地被厭惡的情緒沖昏頭。

帶著個人情緒責備，容易變成謾罵

隨著這種負面情緒高漲，憤怒就會不斷加劇，最後就忘了「訓斥的初衷」，連犯錯部屬的人格都一併否定，情緒化的謾罵脫口而出。當主管過於情緒化時，部屬就不會思考自己犯下的錯誤，反而只想著主管何時才會講完，最後擺出已經反省的樣子，實際上只是為了快點結束這場謾罵。

我在第一章提過，為消除心中怒火而宣洩情緒，叫做「謾罵」，期許對方成長而疾言厲色，才是「責備」。想要讓自己記得「為對方著想」的初衷，就必須保持冷靜的頭腦。當然，這不代表主管就必須壓抑情緒，強迫自己冷靜地面對部屬。接下來將提出幾個重點，幫助各位主管引導部屬反省、改變行為。

首先，你不應在「發怒的瞬間」出言斥責，試著回想你看到部屬犯錯時的反應：「他在做什麼？這樣不對吧」➡「我得提點他一下才行！」➡「你過來一下！」在看到對方犯錯、自己必須出言指正的瞬間，就立即把部屬叫來跟前，很容易因為一時情緒上來，而演變成為了發洩情緒才出言責備。

但是，「責備」必須抓準時機，拖太久也不好。**我建議各位最好的方法，是在發現部屬失誤而發怒之後，先靜待三秒鐘**。察覺心中的情緒益發高漲時，在心中告訴自己「冷靜」，將視線移到其他地方、深呼吸，讓心情自然而然地平靜下來，責備的過程中，也應時時檢視自己是否有拿捏好分寸。

此外，責備前要先預想最糟的情況，雖然需要一些經驗與技巧，但非常有助於保持冷靜。試著想像，若放任自己的憤怒，盡情地斥責部屬、向對方怒吼，可能會造成什麼樣的局面？相信你一定會冷靜下來。

責備時，絕不能帶有個人情緒

✕ 不要在情緒上來的瞬間開口，很容易失控

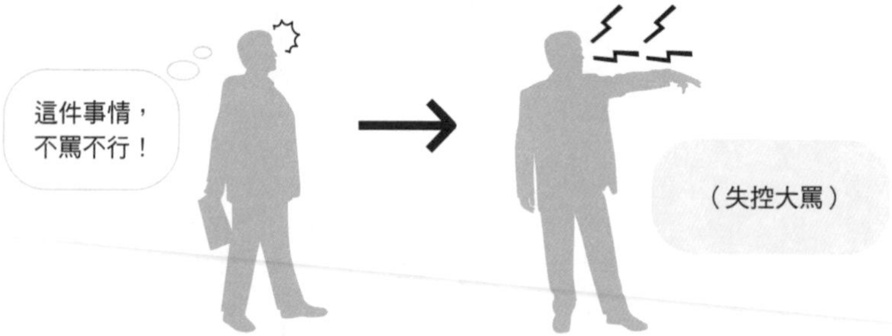
這件事情，
不罵不行！
（失控大罵）

➜這時滿肚子怒氣，容易感情用事。

○ 靜待三秒、情緒平靜後，再開口責備

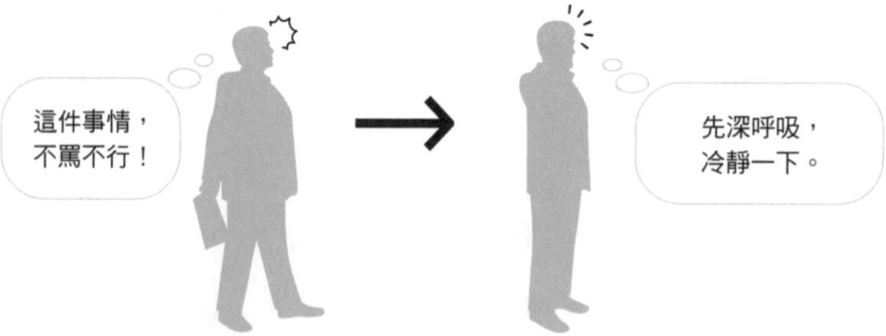
這件事情，
不罵不行！
先深呼吸，
冷靜一下。

➜責備過程中，應時時確認自己的情緒控管。

5 部屬找藉口時，可能是在請求協助

責備時，一定要有憑有據。假設部屬忘記將資料寄給客戶，首先，請旁敲側擊確認他是否有做好工作：「你沒忘記把資料寄給客戶吧？」出言責備之前，一定要先掌握實際狀況。

這時若部屬直接道歉：「對不起，我忘記了。」那就只要雲淡風輕地帶過就好：「我知道了，下次別再忘囉！」但是實際上，很多部屬會露出「你在說哪件事」的困惑表情，這時主管務必要以冷靜、沉穩的態度詢問：「為什麼沒把資料寄給客戶？」

通常部屬會開始解釋犯錯的原因：「工作太多，所以忘了」、「太晚收到通知了」等。如果沒有掌握好部屬的真實情況，就沒辦法給予正確的指導。

這時先不論藉口或實情，主管都應該先回以「辛苦了」、「原來是這樣」，接著再提出指導，「遇到這種情況時，應該仔細思考手上事務的輕重緩急」、「發現自己真的沒辦法處理時，應該立刻找我商量」，先掌握部屬情況後再給予指導，與直接破口大罵，兩者對日後部屬的自我成長有截然不同的影響。

從部屬的理由中，找出真正的問題

大部分情況都會像剛才舉的例子一樣，依循「展現事實🡣詢問（責備）🡣部屬解釋」的流程。這時很多主管會因為工作已經焦頭爛額，忍不住打斷部屬解釋，要對方別找藉口，但是一位懂得責備話術的主管，會先忍住自己情緒，聽完部屬的理由。**部屬在解釋原因時，無論是否符合事實，都代表他有「想表達的事情」**，身為領導者，首先應傾聽部屬的聲音。例如剛才的例子，「其他部門太晚通知了」，這種問題通常源自於同仁間聯絡上有誤或疏於催促，但偶爾也會發生「其他部門負責人的失誤」、「公司本身就沒做好聯絡程序」等原因。

擔任管理職務的人必須了解基層人員的實際工作狀況，解決問題的提示，就暗藏在部屬說出的理由中。責備本身就是為了讓部屬成長，應該把這些理由視為指導部屬的提示、提高業務效率的關鍵，好好地傾聽部屬提出的想法。

確認狀況後，再依事實指摘疏失

當你發現部屬忘記執行交辦事項時

1 先傾聽部屬的理由，別馬上否定

嗯～
因為客戶突然有急事要處理……

2 指摘、責備的同時，應表現出對部屬的理解

我了解了，但至少也該提前跟我說一聲吧？
真的非常抱歉。

6 責備不能「看狀況」，該罵就得罵

「A很囉唆」「如果B鬧起彆扭來，會影響其他人」，如果主管因為自己的主觀想法而疏遠特定部屬時，就會成為偏心的主管，令其他部屬感到失望，認定「主管的態度會因人而異」或「那個主管不喜歡某類型的人」，好不容易建立起的職場信賴關係，就會付諸東流。

保持超然，別讓部屬影響情緒

如果所有部屬都能聽進指導就好了，但現實往往無法盡如人意。當部屬受到責備時，有人會惶恐地低頭聽訓；有人會凝視主管雙眼，認真地聽；有人則會面露不滿，擺出桀驁不遜的樣子，態度五花八門。

責備時，該如何才能不受部屬態度影響？假設有位部屬，在挨罵時眼神飄忽、心

不在焉、明顯擺出不悅神情，對主管來說，這種態度簡直是不可原諒！但是絕對別因為這樣就被怒火沖昏頭；如果平日就對某位特定部屬感到不滿，在這個人犯錯時，主管的怒氣，會像是找到發洩出口一般，一口氣爆發出來，對於本就不睦的關係儼然是火上加油。

因此，即使對方露出桀驁不遜的模樣，仍應以成熟的態度應對，不要與部屬「爭輸贏」。並應再次確認自己訓斥對方的目的，表現出冷靜的態度。事實上，**最令人感到不寒而慄的，就是用平靜口吻責問部屬的主管**。

身為主管，一定會有部屬在背後抱怨自己，這時應學會正面思考：「這代表部屬很在意我。」試著這麼想後，不可思議地，部屬看起來竟顯得渺小、甚至是可愛，這是因為你已經獲得身為領導者的自信，這就是提高自己的高度時，所看見不同的風景。

當你站在高處時，就必須用自己的雙眼觀察、用自己的腦袋評價，才能做出公正的判斷，自然也能在責備時保有冷靜態度。否則，一旦將傳聞信以為真，戴上有色眼鏡審視部屬，就會不小心選擇了不當的責備方式。

責備時，不管對誰都要一視同仁

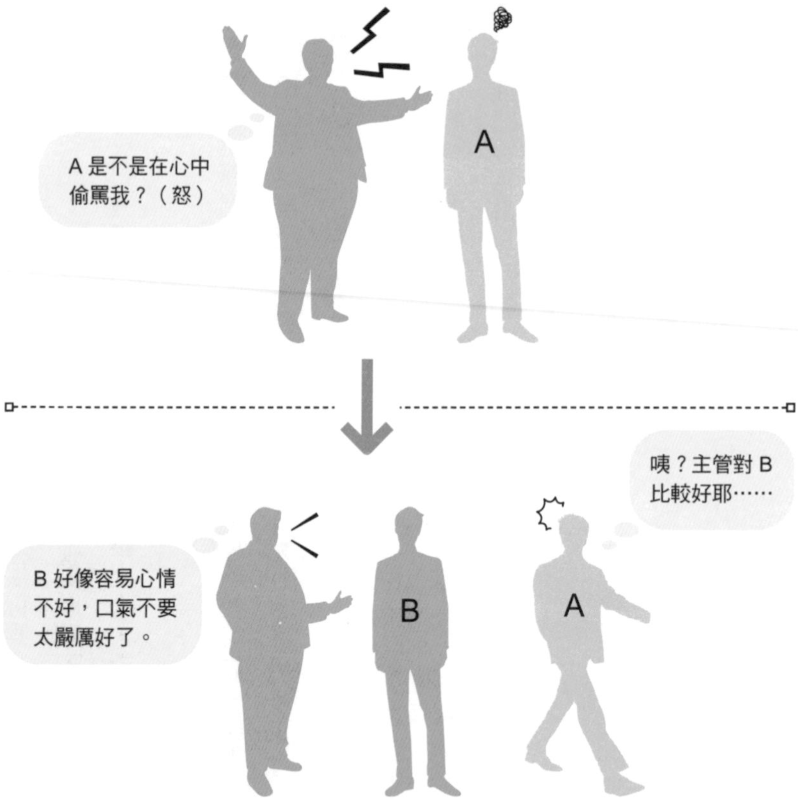
A 是不是在心中
偷罵我？（怒）
A
B 好像容易心情
不好，口氣不要
太嚴厲好了。
B
咦？主管對 B
比較好耶……
A

➜態度因人而異，會喪失部屬的信任。

7 責備是希望部屬反省，不是否定

主管應該針對犯錯的狀況，選擇相應的責備方法。但是，僅止於針對「已犯下的失誤」、「不當的應對方式」加以指導。

責備時加入個人情緒，是錯誤示範

責備時離題，加上冗長的說教，會讓部屬搞不清楚主管的意思，進而產生誤解。因此，提醒、指摘和責備時，應針對部屬在公事方面沒做好的部分。

舉例來說，部屬在電話中應對不佳，結果惹怒客戶時，氣昏頭的主管可能會脫口而出：「連這點禮貌都不懂，簡直無藥可救。」這句有人身攻擊疑慮的氣話，可以改用以下的說法：

「這種說話方式，很容易招致誤會喔！」

「和別人說話時，要認真聽。」

「音量太小，客戶會聽不見你的聲音。」

「你剛才的舉例方式，客戶會覺得被冒犯了。」

簡明扼要地指出部屬哪裡做錯，除此之外不應添加私人的情緒和想法。

責備內容過於冗長時，會使部屬感到厭煩：「這種事，講一次就夠了吧？」「好囉嗦，到底想講幾次？」

「你的問候有點馬虎，要誠懇一點」、「連問候都不會，你到底學了什麼東西」，這兩種說法的接受程度截然不同，但是當主管在氣頭上時，總會忍不住帶入個人情緒，結果常聽到後者脫口而出。

同一件事經過反覆提醒後，部屬仍無法改善時，任誰都會感到火大。但是正因為你是主管，面對這種場面更應該成熟一點，好好斟酌自己的遣詞用字。

部屬不會信任出言諷刺、表現出厭惡感的主管，責備部屬或後輩時，應時時提醒自己，責備的目的在於能否讓對方反省、成長，至於會傷人的話語，還是默默地吞回肚子裡吧！

8 當下責備效果佳，但三種情況例外

注意到部屬的錯誤行為與缺失時，沒有當場糾正，就難以獲得良好成效。若當下覺得問題不大，先睜一隻眼閉一隻眼，打算等有時間再指導部屬，然而這一拖延卻可能使小問題釀成大災禍、或是破壞互信關係。但是，當遇到下列三種狀況時，稍後再指導部屬，反而能獲得更佳的成效。

狀況1 兩位部屬起衝突時，不宜立刻介入

看見部屬間起衝突時，主管往往會為了早點解決，立即介入兩人之間。我可以理解這種「身為主管必須做點什麼」的心情，但是，當爭執的當事人都是部屬時，由於兩人地位相當，因此身在上位的人反而應該先假裝沒注意到。

等到這場爭執捲入其他部屬、對工作產生負面影響時，主管再出面仲裁也不遲。若主管這時一味的說教：「同一個辦公室吵架，會影響到大家」、「你們兩邊都要自我

反省」，不僅無法獲得效果，兩位起爭執的部屬還可能同仇敵愾地一起批評介入的主管。

較適當的做法，是引導當事人思考，回想爭執的原因、站在對方立場思考生氣的理由、是否有更好的方法能避免爭執、這次爭執造成了哪些負面影響等。

狀況2 部屬心不在焉時，先觀察、再溫言提醒

發現部屬參加會議時的態度很差、工作時總是心不在焉、經常遲到等情況時，不應立即出言警告，應先觀察一陣子。

舉例來說，部屬開會時發呆，似乎毫不關心主題時，可在會議結束後問他有關會議的問題，像是「你認為今天會議中最重要的是什麼？」「我提的那個問題，你有什麼想法嗎？」

部屬驚慌得語無倫次時，再以鼓勵的口吻告訴對方：「我期待你在下次開會時能夠提出好答案。」

如此一來，部屬就會深刻反省，體認到「以後不能再混水摸魚」，並認為主管有將自己的表現看在眼裡，也會想更努力工作，以回應主管的期待。這種方法遠比直接

要求對方「再認真點」、「專心一點」還要來得有效。

狀況3 整個團隊都有問題時，絕不能找戰犯

當整個團隊不知為何死氣沉沉，每個人都心不在焉時，工作上的失誤就會層出不窮。除了應責備實際犯錯的部屬，也應考量是否一併指導其他人。

這時，若聚集整個團隊的成員，在大家面前怒斥某位部屬：「你到底有沒有心工作？」是無法收到成效的，即使短時間內大家看似更認真了，但絕對無法維持長久。**因此，必須採用各個擊破的方式**。

每次發現錯誤的言行、部屬不夠專心時，就立即採用正確的責備方式，才能一點一滴地改善整個團隊。

下列三種情況，別馬上指正

1 兩位部屬起衝突時，不要馬上制止

留意紛爭是否擴大到其他人，但不要馬上介入。

2 發現部屬心不在焉，別馬上喝斥他

先觀察、再提醒，讓他自己有所警覺即可。

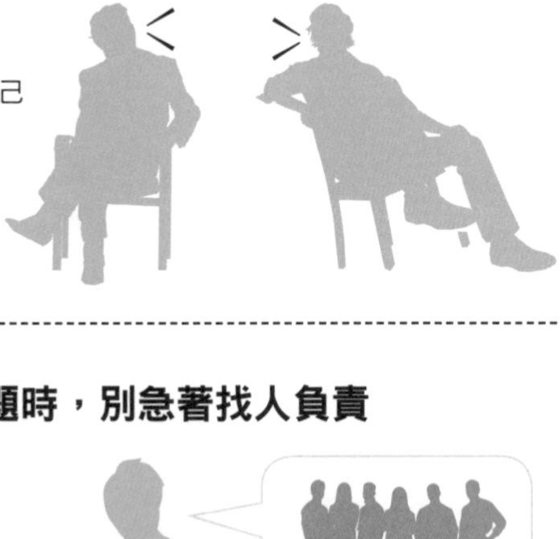

3 整個團隊都有問題時，別急著找人負責

別找戰犯，但是一有失誤，就要立刻指摘提點。

9 有些責備的話，主管絕不能說

看見不斷犯錯的部屬、不懂舉一反三的後輩，會不由自主感到惱火，想怒吼：「到底要我說幾遍才懂？」

這時千萬要格外留意自己的脾氣，情緒化的怒吼，不僅無法帶領部屬成長，責備本身也會變質為人身攻擊的謾罵，變成單純在否定對方人格罷了。

否定人格的責備方法，不僅無法引導對方成長，還會傷及自尊心、招惹怨恨。那麼，該注意哪些地方，才能避免人身攻擊型的責備呢？

就算再生氣，也絕不能說的四句話

回想看看，各位是否曾對部屬說過以下這幾種話？很不幸的，我以前也曾經犯過類似錯誤。

禁句❶「所以我就說，你真的不行。」➡部屬會認為，原來平常主管就覺得自己很沒用，一開始就被否定。

禁句❷「不要讓我一直重覆相同的事。」➡遭到責備的一方會覺得自己很無能，進而喪失自信。

禁句❸「連這種小事都做不好嗎？」➡部屬會認為，自己的能力完全被否定。

禁句❹「你果然還是沒辦法做好。」➡這種一開始就不抱期待的話語，會傷及對方的心理。

無論告誡過多少次，仍舊持續犯下相同錯誤，或是絲毫不見反省之意時，主管很容易因為過於氣惱，不由自主地說出以上四種禁句。

這些下意識脫口而出的話語，格外容易傷害他人的心靈，因為句中含意儼然就是完全否定了對方的人格。聽到主管對自己說「你真的不行」時，部屬會怎麼想呢？「我真的這麼沒用嗎……」「主管（前輩）一定覺得我是個沒用的部屬（後輩）吧……」

情緒化的責備，傷人也傷己

部屬認為自我人格受到否定時，會喪失自信，對工作也會更加消極，沒處理好的話，可能會對主管產生怨恨。

「主管一定把我當成眼中釘！」「以為自己很了不起嗎？總有一天要讓你嚐嚐苦頭！」因此，位居管理職位時，請將此銘記在心，絕對不要說出否定人格的話語。

除了對部屬的心理造成陰影，當主管用情緒化的言詞責備部屬，其他同事聽到後，肯定不會有人因此認為「主管人格高尚、值得信賴」吧？

「又在亂罵人了。」「真的很囉嗦！」部屬與同事往往會帶著批判的目光，默默將你的言行看在眼裡。各位必須了解，責備部屬的時候，周遭其他人也會格外睜大眼睛，觀察你的一舉一動。

責備時應針對事項，不應否定對方人格

當你在盛怒之下脫口而出情緒化的謾罵

否定對方人格的四大禁句

1 **「所以我就說，你真的不行。」**

2 **「不要讓我一直重覆相同的事。」**

3 **「連這種小事都做不好嗎？」**

4 **「你果然還是沒辦法做好。」**

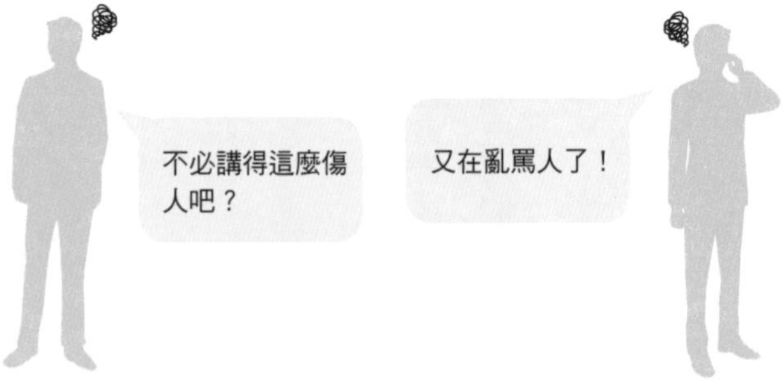

➜責備者本身也會失去他人的信賴。

10 激勵和否定，只有一線之隔

部屬與後輩當然也有自尊心，一定會有主管在面對部屬時，就自以為是地擺出高人一等的態度，老是用輕視的口吻下指令、提問，不知不覺間，這種態度已經傷及對方的自尊心。

身為主管應該了解，部屬也是人生父母養，指導時不可忘記基本的禮貌。職場的人際關係較為複雜，彼此間通常會有競爭關係。因此，許多上班族都害怕同事發現自己的失誤，對此格外神經兮兮，更會想避免其他人看見自己挨罵的模樣。若是主管在眾人面前對部屬破口大罵，將會嚴重傷害對方的自尊，所以無論部屬犯的錯誤多麼嚴重，都不可在人前怒吼。

部屬失敗時，也不能輕視他

部屬、後輩失敗時，有人會採用暗諷的表達方式，例如：「我不該把這件事交給你，是我的錯。」

這類言辭代表說話者輕視對方的能力，比直接責備更加傷人。從前也有人會大放厥詞，說出「女性只能影印與倒茶」這種歧視言論；相信當前的社會氛圍中，已經很少有人敢這麼放肆，但是即使沒把話說出口，只要表現出類似的態度，仍等同於鄙視對方能力。

在分配工作時詢問：「這點小事你應該做得來吧？」「這種事連你都處理得來吧？」同樣會傷及對方自尊心。

對商務人士來說，被認定自己工作能力低下，進而擺出輕視的態度，是種莫大的侮辱，自尊心也會受到嚴重傷害。無論是從做人或是擔任主管職的角度來看，只因部屬年輕、缺乏經驗就小看、輕視對方，都是相當不可取的。

第 3 章

11件職場日常小事，主管如何責備？

1 不打招呼的部屬，能罵嗎？

精神飽滿且開朗地問候，會讓人覺得「有幹勁」，也會讓旁人產生好感。尤其以早晨的第一聲問候最為重要，只要道一句「早安」，就能使低迷的心情大幅好轉。

而問候也是溝通的基本，千萬不要小看這一聲招呼，**當團隊成員彼此勤加問候，交流次數必然會隨之增加，進而對工作成效產生正面影響**，身為領導者，一定要知道這個簡單又有效的好方法。

以身作則，讓部屬習慣「打招呼問好」

可惜的是，社會上卻有許多人不懂得問候。即使主管先打招呼，仍會假裝沒看見地直接離開，而這樣的情況近年更是有增加的趨勢。你是否也遇過類似狀況呢？

公司內應該都會有一、兩位不懂得問候的部屬，見到主管時，不打聲招呼就要離開，這樣的行為肯定令人大感不快，「連基本的打招呼問候都不懂嗎？」於是，許多主管便認為自己身為公司前輩，有責任告訴對方打招呼的重要性。

但是，又不想讓部屬覺得自己是「連問候這種小事，都要囉嗦的前輩」，也不希望因為提醒了對方而破壞關係，總覺得這麼做會破壞整天的情緒，不由得對是否開口糾正而感到猶豫。

為此，主管應該建立起「問候，是為了自己」的觀念，別再認為「職位較低的人，就應先問候」、「別人一定得回應自己的問候」。改變思考方式，無論對方的年齡或職位，都一視同仁地先出聲打招呼之後，對方也會自然而然地回應。

很多時候部屬之所以不懂問候，是因為主管並未積極做好這件事。想要培育出懂得主動問候打招呼的部屬，主管以身作則是最有效的做法。

即使遇到不肯回應主管問候的部屬，也先別急著跳腳；擺出笑臉，直視對方眼睛，再打一次招呼。

第二次招呼的作用，是引導並暗示對方反省：「**主管都主動向我打招呼了，之後我必須先主動問候才行。**」即使最初的一、兩次未收成效，但是只要持之以恆，總有一天，部屬絕對會意識到「當遇到主管、前輩時，不先打招呼是很失禮的事情」。無論對方是誰，主動問候不僅可保持整天心情開朗，還可無須責備就讓部屬自省，一石二鳥。

但是，難免還是有人不受影響，繼續維持不打招呼的習慣。這時，千萬別太過情緒化，認為對方居然敢無視主管，或是太沒禮貌，這種人就算把他叫來嚴詞警告，也只會讓彼此心情惡劣，反而失去問候的最初意義。

「早安！打招呼的話，會更有精神喔！」只要帶著笑容提醒對方，日後部屬一定也會學著回應問候的。

不主動打招呼的部屬，絕不能直接開罵

✕ 直接擱下對方，開始發飆

為什麼不打招呼？
不必這麼
在意吧……

➜出言斥責，不僅沒有效果，還會破壞職場氣氛。

○ 不管對象是誰，都先主動問候

早安～
糟了！
我得趕快回應！

➜主管主動問候，能暗示部屬自省。

2 遲到慣犯，用「無視法」處罰他

若是養成等待遲到者的習慣，會營造出不必遵守時間的氛圍，也會對不起守時的成員，首先，主管應貫徹「**不等遲到者，準時開始**」的原則。

預計幾點開始的會議，時間到了，就應該立刻開始，才能讓時間觀念不佳的部屬發現「遲到就糟了」，並強烈反省自己。

除了準時開始，「**沉默的斥責**」在這種場合同樣可發揮良好的效果。試想，當遲到的部屬走進會議室時，看見其他人正專心交換意見、依手邊資料認真討論著，自己卻得尷尬地走向位置，也插不上任何一句話。

很多主管都會說句「快點坐好」，但我不建議這麼做。只要在討論的同時，瞟一眼走進會議室的部屬，並繼續原先的交談，就會讓遲到的部屬覺得坐立難安。

常遲到的部屬，用這兩個方法讓他反省

1 展現出「不等人的態度」

預定時間一到，
會議就會開始進行。

➜絕對不等遲到者，任何會議都準時開始。

2 採用「沉默責罵法」，讓他坐立難安

慘了，主管好像
很生氣……
不好意思！
我遲到了！
沉默

➜主管只需看部屬一眼，完全不必開口。

3 遇上不回應的部屬，請立即糾正

近年來有越來越多上班族在聽到主管叫喚時，無法做出適當的回應，誇張一點的還會給主管一個「我在忙」的表情後，就立刻走掉。

主管絕對無法接受這種反應，甚至會暗自不安：「部屬不信賴我嗎？」忍不住就會以不悅的表情直接訓斥：「那什麼態度？好好回答！」這種方法雖有效，卻無法讓部屬發現錯在哪裡。

先叫名字，再交辦工作

將怒氣發洩到部屬身上，對方通常會繼續悶不吭聲，就算真的乖乖回答了，心裡也會暗暗埋怨著主管。但是，當有工作交代部屬時，就算先說「耽誤你一點時間」、「這項工作要交給你」，是不是就可以改善部屬充耳不聞、假裝沒聽到的狀況？

事實上，這種做法也很難獲得好的反應。最好的做法是，不管座位有多近、或是已經視線交會，在和部屬說話、交辦工作時，仍應叫出對方的名字。

人們聽到自己的名字時，會覺得「受到重視」，若苦於部屬總不肯好好回應的問題時，主管可以先從加入叫喚對方名字開始。

有時候主管已經指名道姓，例如「B，幫我整理這些文件好嗎？」部屬卻仍埋首自己的工作，連個簡短的「好」字都不肯說。「B？」這時再叫他一次，有些人會匆忙抬頭、有些人則會帶著狐疑表情回頭，雖然反應五花八門，但通常第二次聽到自己的名字時，都會回應一聲：「什麼？」

這時候再藉機告訴部屬，應該在聽到第一聲呼喚時，就要有所回應，而非充耳不聞、埋頭工作，就這個狀況來說，若沒有在當下讓部屬意識到回答的重要性，事過境遷後，就很難再特別指正這一點。

假設三番兩次、明確地叫出部屬的名字後，卻總是得不到回應時，你可以將目光移向其他部屬，詢問：「今天B休假嗎？」「他去哪裡了呢？」

大部分的情況下，該位被點名的部屬都會慌慌張張地回應，這時主管應以稍微嚴厲的口吻指導糾正後，日後再密切觀察。

利用會議，讓部屬習慣「有問有答」

當開會或是討論專案時，主管常會詢問在場部屬有什麼想法，這時候，大部分的人不是低下頭，就是眼神左閃右躲，很少人能夠確實表達出自己的意見，但這卻是指導部屬的好機會。

這時，主管可以明顯露出嚴肅的表情後，再詢問大家一次：「點個頭也好，希望各位能表示一下意見。」當提問第二次後，通常都會發現部屬的反應比剛才一片死寂好多了。

如果部屬能因此開口好好回答，也有助於掌握他們對主管的想法。千萬不要認為簡短的回答或點頭、搖頭不算什麼，遇到部屬沒有反應時，不妨試試這個方法。

讓部屬確實回應的兩個方法

1 交辦工作前，先叫對方名字

A，我有事要
和你討論。
好的，是什
麼事呢？

➔即使座位相鄰、視線對上，也要先叫對方姓名。

2 開會和小組討論時，讓大家習慣有問有答

點個頭也好，
至少給我一點
回應。
好的，
我知道了。

➔搭配略感困擾的表情，可使成效更佳。

4 道歉非重點，拿出誠意最重要

「道歉」有兩種意思，一種是反省錯誤，並記取教訓，日後不再犯；另一種則是向因自己疏失而牽連在內的人道歉，能緩和他人的怒氣。在社會上行事，必須懂得適時地道歉。

除了「認錯」，主動道歉也能表達誠意

但是，有越來越多上班族雖然工作能力優秀，太高的自尊心卻讓他抗拒向人低頭。因此，面對這類部屬時，更應告知道歉的重要性和意義。

很多時候儘管我方沒有錯，卻不得不低頭賠罪。擔任管理職的各位，腦中肯定立刻浮現具體的畫面了吧？假設遇到不可理喻的客訴，認定自己沒錯的部屬絲毫不肯妥協時，就必須教會他「讓對方感到滿意，只是第一階段」以及「道歉」的功效。

有時候工作上的問題，源自於客戶的失誤與許多不幸的巧合，絕對不是部屬一個人的責任，但有時只要先低頭認錯，就可完美收場，對方多半也會接受道歉：「別這麼說，這不是你一個人的問題」、「你也辛苦了」等。

但是，**若認定「不是我的錯」而不肯低頭時，就沒辦法撫平其他人的情緒**，最壞的情況是不分公司內外、所有人都將砲口瞄準部屬，異口同聲責怪他「連句道歉都不肯說嗎？」「你知道自己惹了多大麻煩嗎？」

然而，這不代表主管必須跟著責備部屬，直到他願意道歉為止，當然也不應該說會傷及人格的話語，例如「有錯就老實承認啊」、「這樣會讓大家反感」，用這些話責備部屬，只是為了想撫平自己的情緒，強迫對方道歉。

因此，主管要好好教導部屬「道歉」的重要性及意義，例如為何這個狀況需要道歉，什麼樣的情況下辯白反而會招人不快等。

5

部屬撒謊時，要拆穿他嗎？

很多人會藉由說謊、隱瞞失誤，企圖彌補自己犯下的錯誤。「信任」是公司與工作在運行時非常重要的一環，當說謊成為職場中的常態時，人們會臉不紅氣不喘地提出假的報告、唬弄客戶與交易對象，對公司造成許多負面影響。

乍看不起眼的小謊，往往會演變成嚴重的事態。因此，主管絕對不能容許日常報告作假、公器私用等謊言與欺瞞。

責備之前，先暗示他「別瞎掰，我都知道了」

不允許謊言與掩飾，才能對部屬與公司產生正面影響，而這也考驗了團隊領導者的手腕，面對謊言時，主管應採取更嚴厲的做法。

很多人會選擇說謊或遮掩失誤，以為糊弄過去就可以逃避責任，只要成功過一次就會食髓知味，主管該如何責備這種部屬呢？

首先，不要直接喝斥「不准說謊」，恨鐵不成鋼的心情會讓人採用較嚴厲的措詞和語氣，故應先壓抑自己的脾氣，否則可能會因太過於直接、情緒化的用語，讓部屬覺得自己的人格被全盤否定；此外，在眾人面前怒罵部屬，還可能讓對方懷恨在心。因此，**當部屬說謊或遮掩時，應先想辦法讓他主動承認「我沒老實說，真的非常抱歉」**。

人在說謊之後，話中很容易出現矛盾或是含糊其詞，仔細觀察一定找得到破綻，「他是不是在說謊」、「有點可疑」，確定自己的懷疑為真時，即可讓對方知道，你發現他沒有據實以告，「趁現在把話講清楚，我還有辦法幫忙修正」、「就算你現在試圖遮掩，事情遲早也會爆發出來的」，如此一來，才能夠引導部屬吐露實情。

主動認錯的部屬，才懂得反省

或者是，當主管在聽取部屬報告時，可以一邊認真地看著他、一邊不經意似地提問「真奇怪，你說的話前後對不上喔」，暗示他不要再試圖掩蓋過失了。

此外，主管也可表達出要看其他資料核實說法的態度，例如：「那我跟A確認一下」、「把紀錄表拿出來讓我看看」等，都可獲得類似的效果。這時儘管表情與語氣都很溫和，卻會對繃緊神經的部屬，產生極大的壓力。

無論主管採用哪種方式，部屬都只能舉雙手投降，坦白說出「對不起！我沒說實話」。如此一來，不僅可避免氣氛因責備而變僵，還可促使部屬深刻反省，可謂一石二鳥。

責備之後，應進一步詢問部屬：「為什麼要做出這種事？」並視答案選擇合適的指導方法。**有時候部屬說謊或許有什麼苦衷，若發現是萬不得已才出此下策時，應表示理解：「我知道了，幸好你有告訴我。」**看見主管的反應，部屬也會覺得「什麼事都可以找主管商量」，進而產生信賴感。

當部屬說謊時，引導他主動認錯

狀況：已經確定部屬在說謊時

△ 直接責備部屬不老實的言行

➡容易在一氣之下不小心說出氣話、變成謾罵

○ 引導部屬自行坦白「我沒說實話」

➡透過事實與資料，引導部屬吐露實情

6 下指令沒在聽，當下就要斥責

向部屬下達指示或命令時，常常會發生「主管沒有表達清楚、部屬當成耳邊風」的狀況。

這邊舉一個常見的例子，比如說，當主管告訴部屬：「下星期之前完成這份報價單，然後寄給A公司吧！」這時忙得焦頭爛額的部屬，雙眼仍膠著在電腦螢幕上，僅心不在焉地回了句：「好的，我知道了。」

工作指令的交辦、接收，雙方的認知度很重要

但是，所謂的「下星期之前」，指的到底是「下星期一早上為止」？還是「下星期五的傍晚為止」呢？這兩者之間的工作時數差異，簡直是天差地遠。這種情況下，當然是主管未交代清楚的問題；但是，「隨便聽聽」、「沒有進一步搞清楚資訊」的

部屬，同樣也有責任。

我想請問各位主管，是不是認為「我說出的所有事情，部屬都會好好地聽進耳裡」呢？回答是的人，應立即修正這個觀念。

每天都被公事追著跑的部屬，即使聽到主管下達指令，仍會因為「還不急」，就把心思都放在眼前的工作上。結果等工作告一段落後，該指令就隨著鬆懈下來的心情一起被拋諸腦後了。為了預防這種問題發生，「說話者」必須製造出讓「傾聽者」能夠確實聽進一字一句的環境。

當部屬因疏忽而發生差錯時，每個主管都會想怒吼：「到底有沒有在聽我說話？」當然，主管有權力訓斥沒有把話聽清楚的部屬，但是這時罵得再兇也沒用，最佳的訓斥時機，是在下達指示或說明的當下。

這時，**主管要好好地確認，部屬是否有聽進指示？若沒有，即可抓住機會責罵，以敦促部屬認真聽話**。想要讓部屬「擺出認真聽話的模樣」，則可運用下列方式。

❶暫停手邊工作，避免一心二用

無論部屬是在寫文件、看資料、想企畫，只要下達的指令有一定重要性，就應請對方暫停手邊工作，絕對不能讓部屬邊做事邊聽話。

「各位（〇〇），先放下手邊工作聽我說。」向全體喊話，或指名對象，要求部屬暫停手邊在忙的事情後，再交辦工作下去。

❷要求部屬面向自己，提高專注度

「聽別人說話時，必須看著對方。」這是傾聽的基本守則，當部屬忽略了這個基本原則，就應該幫他養成這種習慣。

我建議的指導方法，就是在說話的同時，讓對方看見談話中提到的事物，例如指著文件對部屬說「看清楚這個（文件）喔」，讓他把注意力集中在文件上，說明完後再切入主題：「關於這份文件，我希望你……」如此一來，部屬自然能夠仔細聽進主管說的每一句話。

但是，有些部屬僅會側頭望向主管、或是從頭到尾背對著主管，這時可稍微發揮幽默感，說些像是「不要用後腦勺跟我對話」等冷笑話，引導部屬轉過來面對自己。

❸不管有多少人，盡量和對方四目相交

眼睛沒有對上的話，傾聽者容易感到事不關己；反過來說，四目相交時就會當成自己的事，進而認真聽取說明。

因此，主管要想辦法在說話時，望向傾聽者的雙眼。首先，確認部屬是否已面向自己；談話人數多時，則應環視全場，與所有人四目相交。說話的過程中，也要盡可能地看著聽話者的眼睛。

❹在說明中插入問題，確保對方了解無誤

有些部屬乍看正認真聽話，實際上卻已神遊他處。當部屬的雙眼欠缺焦距、表情有點呆滯時，八九不離十是在放空。

這時不妨提個問題，例如：「A，你覺得如何？」突然被點名的部屬，通常會露出一頭霧水的表情，然後將注意力移回主管身上，接著便陷入沉默、眼神飄移不定地想逃離這個窘境，支支吾吾地回答「我不曉得」、「我還在想」等，這時主管只需要溫和地回一句「這樣啊」就好，在這種情況下，只要朝著部屬稍微點頭，就具有十足的提醒效果了。

若當場責罵對方：「你到底有沒有在聽？」只會讓部屬感到丟臉而已。最好的方法就是藉由若無其事的提醒，給對方下台階的同時，讓他自動自發地反省。

7

部屬唱反調時，不妨「反問」他

各位是否有遇過較叛逆的部屬，面對主管、前輩的命令或指導時喜歡唱反調、明顯地逃避、以不悅的神情表示抗拒呢？

這類叛逆部屬的行為，會對其他同仁造成負面影響，還會擾亂職場秩序，放任不管的話會使主管本身的權威盡失，連管理能力都會受到質疑。

那麼，身為主管該怎麼辦呢？否定唱反調的行為，或是直接用威權壓制，當然是最簡單的方法，但是卻無法改善問題。

面對這種叛逆的部屬時，應先考慮其他人的想法。當部屬展現出反抗態度時，主管可能會氣昏頭而做出不理性的反應，這時，其他部屬會怎麼想呢？他們才不會覺得「好棒，說得真好！」反而會對主管感到失望，認為：「竟然容不下部屬用平起平坐的態度，真小氣。」「竟然隨便就被激怒了，真沒用。」

因此，**部屬越是唱反調，主管就應該越努力保持冷靜，讓大家體會到兩人之間絕非**

可以用這種態度說話的對等關係，而是主管和部屬的上下關係。面對這類部屬時，主管要更加自覺到自己守護組織的權威，與希望部屬成長的心情。

以成熟的態度認同，並引導部屬思考

部屬以批判的態度反抗公司的經營方針，例如：「社長的想法太奇怪了！這樣下去公司就糟了！」遇到這種情況時，該採用什麼方式回應呢？

面對強烈反抗的部屬時，主管應先反問：「為什麼你會這麼想？」當部屬對此吐露不滿：「A根本沒有能力承擔這份工作，不只是我，大家都這麼認為！」若聽到這種回答，主管則可回應：「我知道了。那麼，你有更好的方法嗎？既然你這麼說，就代表你有更好的想法囉？」

當部屬反抗時，可先以沉穩的話語認同對方，使他靜下心來思考。就算主管心裡其實很想大罵對方一頓，也先忍耐、把話吞回肚子裡。

不以職權威逼對方，是非常重要的關鍵。否則，其他部屬看在眼裡，一定會覺得「主管濫用自己的權力欺壓部屬」，因此不如以沉穩的態度回敬對方。

之所以對主管、前輩採取反抗態度，多半是「渴望獲得認同」的心理因素作祟，有時也是想向其他同事展現自己的能力。

「我哪裡做得不好？請提出讓我信服的理由。」當部屬已經無法冷靜下來思考，一逕鑽牛角尖時，就無法用正面講道理的方式說服對方。

無論自認為說明多麼完美，仍不可能讓部屬感到滿意；即使理智上知道該信服，情感上卻可能產生對主管的不滿——而這也是所謂的人性。

主管可以趁這個時候，將平常觀察到的優點，明確告知其實很渴望獲得認同的部屬，「隨著工作經驗增加，你自然會知道自己哪裡不夠好。因此，與其要批評你不對的地方，我個人還比較期待你持續進步，我很看好你！」

為了幫助部屬成長，必須引導對方發現連自己也沒察覺的「優點」。例如，工作時專心一致、會嚴守期限、能夠提出有特色的想法等，試著藉由正向思考看待部屬的反抗態度。但是，認同優點，不等於「討好」。不管對待哪一種部屬，都應該在看到優點時就明確點出，發現缺點時就以適當的方式責備。

指出優點能夠讓部屬覺得被認同，指摘缺點則可引導對方反省。這種態度可以顯現出身為主管的價值、獲得大部分部屬的信賴。

8 部屬在工作時聊天，如何制止？

想讓職場氣氛更加融洽、人際關係更加圓滑，主管就必須容許部屬們一定程度內的閒聊。但是，同事間整天都在聊跟公事無關的話題時，也會對業務造成負面影響，因此，身為主管覺得該制止部屬時該怎麼處理呢？

故意指派簡單的工作，打斷談話

發現部屬聊得太過火，已經影響到其他同事時，可將正開心聊天的部屬叫來自己的座位。「A，過來一下好嗎？」等部屬來到辦公桌前時，下達影印、製作資料、確認預計行程等，較為簡單的工作指令。

然而，大部分的情況下，部屬根本不會發現主管是想警告自己別再聊天了，因此即使經常找藉口打斷部屬對話，仍無法促使對方反省，**如果發現故意指派簡單工作的**

方法沒有成效時，不妨多加一句「不好意思，打斷你聊天了」，如此一來，應可幫助部屬意識到「主管注意到我上班不專心了」。

此外，也可以採用較嚴厲的方式，詢問他們的聊天內容：「A、B，你們聊得真開心，跟大家分享一下在聊什麼吧？」**主管並非真想知道聊天內容，聽到要求自己公開聊天內容時，幾乎所有部屬都會選擇低頭沉默**，這種做法遠比罵出「不准再聊天了」還要有效。

面對喜歡聊天的部屬，若真的連聊幾句話都不允許，可能會剝奪其對工作的熱情，故應事先建立好容許的基準線，讓部屬知道：「我允許你這種程度的聊天，但是再多就不行了。」

但是，如果基準過於曖昧時，就會引發部屬的不滿：「為什麼只警告我而已？A在聊天時，為什麼就不警告他？」

因此，應該依據實際情況，讓部屬了解主管的容忍限度，例如：「聊天以五分鐘為限」、「對其他同事造成困擾時就會提出警告」、「可以藉喝杯茶的機會聊天」等，等部屬習慣這些規矩後，自然就會改善了。

9 就算很煩人，也要先講明規則

公司有權力在合法的前提下，制定專屬的就業規則，並對未遵守的員工施以懲罰。但是，總是祭出規則、罰則的主管，不僅會破壞人際關係，還會使職場氣氛低迷，令人提不起勁。

講明規則是為了讓工作順暢，不是刁難

規則是為了保有公司信用、使職員相處更順利，並增加工作效率所制定的。嚴守規則一定能夠提升團隊的生產力，如何讓部屬遵守公司規章，就成了主管的重要課題。舉例來說，當公司規定「影印機用完後，一定要恢復初始設定」，一定會有部屬認為，沒必要連這種小事都規定，或是在心裡嘀咕著「這又不是什麼重要的事情」。

這時，**就必須讓部屬了解，這個規則對工作效率有多麼重要**，例如剛剛說的影印機

設定規定，「你等了好久才印好的一疊文件，因為前一位使用者沒有恢復初始設定，倍率錯誤、讓你好不容易印好的文件都必須重印的話，是不是很浪費時間？」

如此一來才能讓部屬理解，唯有遵守職場上的各種細節規則，才能使工作更順利地完成。因此，**主管本身必須先好好了解規則的制定原理，才能在必要時清楚地讓部屬了解原因**。如果部屬屢勸不聽，就必須祭出罰則了。但是，在這之前不妨先冷處理，告訴對方：「你不遵守就算了。」

舉例來說，發現部屬「總在上班時間處理私事」、「謊報上班時數」、「經常遲到」，儘管已經多次警告，但對方總會安分一陣子又故態復萌，看起來絲毫不打算改過時，就可以使用這種方法。

當部屬意識到主管的冷漠態度時，就會開始感到不妙，這時，主管再突然冒出一句「我看以後你下午一點再來上班好了」，聽到這番話，部屬肯定會露出惶恐中帶有不滿的表情。

這時可再乘勝追擊：「我已經告誡過你這麼多次了，如果你再不改善的話，就好好考慮我剛才的提議吧！」聽到主管明言至此，部屬肯定會乖乖反省。

10 工作的重要性，不是由部屬評斷

一間公司的運作包括各式各樣的業務內容，像是輸入資料、影印、接電話、接待客戶等，但是難免會有部屬遇到不想做的工作時，就會想辦法將優先順序往後挪或是偷工減料。

對影印或打字等基本行政庶務工作、接電話或接待客戶等為他人作嫁的工作，有許多人表示不感興趣。面對這類部屬時，重要的是讓對方理解對所有任務全力以赴的重要性。

不可或缺的「小事」，做起來好有成就感

首先，主管請先檢討自己的言行，是否在交代工作時過於簡化，只說「這個幫我印三十份」、「幫我輸入這份資料」等。

主管只說一句「這個麻煩你了」時，與詳細說明「這份資料是重要會議要用的，麻煩幫我影印三十份」、「這是這次專案要用的重要資料，麻煩你輸入時多留意一下」時，對部屬來說重要性就是天壤之別。關鍵在於下列兩項：❶**讓部屬知道，這是重要的工作**➡展現出「因為是很重要的工作，所以才會交給你」的態度。❷**讓部屬看見益處**➡告訴部屬「做好這份工作，能夠學到什麼技能」、「做好這些事，未來才有機會出人頭地」。

只要主管多斟酌用語，即可讓部屬覺得「自己也參與了一份很重要的專案」，**面對會依工作內容決定認真程度的部屬時，這種激勵方式格外有效**。

近來許多主管過於在乎部屬的心情，對部屬太過於小心翼翼，但是這樣的態度無助於他們成長，因此，如果有接電話、接待客戶等「希望部屬做的事」、「部屬必須做的工作」，就必須採用前述指導方式。讓部屬做應該做的事，是主管的職責。

「電話響了，三聲之內要接起來」、「有客戶來訪的話，要起身迎接，然後端茶給對方」，即使部屬露出抗拒的神情，甚至想找藉口避開這些任務時，也應該果斷的要求對方做到。否則，等主管代替部屬做完應做的工作後，再怎麼責備也收不到成效了；部屬甚至還會感到不滿，認為「既然如此，一開始就講清楚嘛」，簡直是吃力不討好。

當部屬逃避的態度過於明顯時，則可表現出轉派此工作給其他部屬的態度，當主管說出「你不做就算了」這種話，就等同於宣告「你對公司來說可有可無」，以及主管對自己的評價極低。

「把這個工作，交給其他同事處理」，也意味著主管選擇讓該位同事居於自己之上。對上班族來說，主管的評價攸關前途，當然必須把握每一次表現機會。

對工作挑三揀四的部屬，如何糾正？

1 採用正面的激勵話術

這份工作的經歷，對你未來會很有幫助。
是這樣嗎？既然如此，那我就試看看吧！

➔傳達工作的重要程度，製造參與感。

2 將該項任務改派給其他部屬

既然這樣，那這份工作交給其他人處理吧！
咦？真的假的！

➔製造部屬「不被需要」的恐懼感。

11 被好主管帶領，部屬更勇於嘗試

有些部屬平常不會犯嚴重錯誤、也能把交辦事項處理妥當，但就是欠缺挑戰精神。當部屬不願意挑戰新的事物，總是只求把會做的工作做好時，無論個人或團隊，都無法有顯著的成長。

旺盛的挑戰精神，能引導出更多活力，使職場氛圍更加活絡。那麼，想打造出這種環境，該注意哪些事情呢？

接受小失誤，他會成為一流人才

很少有主管會責備得失心過重的部屬，以及欠缺挑戰精神的部屬，甚至還不太敢盡情責備。部屬欠缺挑戰精神，總是只處理主管交代的事項時，原因不見得都在部屬身上。

如果職場環境讓人無法安心工作、犯點小錯就會遭受嚴厲責罵時，任誰都不敢輕易挑戰不熟悉的事物。畢竟部屬們會擔心，會不會因為一些小失誤，而被主管罵得狗血淋頭、或是被同事暗地嘲笑，如此一來，就會只求把手上的工作平安完成，不敢多做挑戰、避免做出較顯眼的舉動。

手下有這類部屬時，主管應該先檢討自己的管理方式，是不是對於小錯誤太過嚴苛、一發現疏失就目露兇光……面對這樣的主管，部屬當然會變得畏畏縮縮，工作時只求不要失敗、不要被罵。

想要讓新的工作、困難的工作有成功的結果，就必須包容年輕部屬的挑戰，並隨時確認狀況，在發生失誤後立即給予指導。

第 4 章

不能罵的部屬、上司、客戶，主管如何回話？

1 加倍讚美，年長部屬不敢倚老賣老

以前的公司非常重視年紀與資歷，但是，現在有越來越多公司更重視能力與成果，產生許多由年輕主管帶領年長部屬的現象。相信很多人都對這種情形感到頭痛吧？許多主管必須同時面對「比自己年長的部屬」與「比自己年輕的部屬」，苦惱著不知道該怎麼帶領比自己年長的部屬。

年長的部屬，平時就要給足面子

有時當他們犯錯了，主管因為不曉得該怎麼責備，乾脆假裝沒看到，但是這樣就喪失身為領導者的職責了。事實上，只要掌握接下來說明的重點，責備年長部屬其實沒那麼困難。

年長的部屬雖然在職位上低於自己，但卻是人生上的前輩，平常對話時就應選擇較禮貌的措詞，責備時更應仔細斟酌用語。如果在責備年長的部屬時，態度與對待年輕部屬相同，很容易招致對方的反感：「年紀明明比我輕，卻一副高高在上的態度！」

事實上，有許多人光是看到主管的年紀比自己輕，就會產生無法容忍的憤怒感。面對這類部屬時，若還以高傲的態度指導、命令、提出要求，很容易破壞人際關係。**因此，應避免直接指出對方失誤，以委婉的方式要求對方改善。**

「這些數據，可以麻煩你重新確認一下嗎？」「客戶好像生氣了，你能幫我調查一下原因嗎？」各位年輕的主管，不妨藉由這些委婉的方式，幫助對方注意到自己的失誤。

只要嚴守這個原則，就能在為對方保有面子以及不破壞人際關係的前提下，對年長的部屬提出主管應盡的指導。

把「下次請改進」，換成「請幫我忙」

各位是否因為部屬比自己年長，就戰戰兢兢地告訴自己：「不能被對方看不起」、「我才是主管」，但是這種強硬的態度，正是造成衝突的原因。

儘管對方的職位比自己低，但仍是工作資歷較深的老手，在行事上仍有自己的準則。因此，這些部屬面對年紀較輕的主管時，難免會不喜歡自己的失誤被攤開，甚至排斥被指手畫腳。如果指導這些部屬時採用較直白的語氣，例如「這個要改過」、「去做這個」，容易引發抗拒。

面對年長部屬時，關鍵在於從日常營造出「尊重、請託」的感覺，連責備時用語，都應該換句話說：「我希望這邊修正一下，應該沒問題吧？」「有沒有更好的方法呢？可以幫我想想嗎？」雖然實際上是在要求對方改進，**但聽在對方耳裡，就像主管在拜託自己幫忙一樣**。

人們都會對信賴自己的人產生好感，只要能夠掌握對方的長處，展現出「委託」的態度，甚至有機會引導部屬敞開心胸，主動與自己商談，這時，即可抓住機會與對方建立良好關係，但是切記，無論如何都不可忘記身為主管的立場。

「我很信任你」，讓他主動把事做好

最後，該如何嚴厲指責年長的部屬？在責備時，必須尊重對方至今的貢獻與經驗，說話時不應口無遮攔，也必須透露出「我信任你」的訊息。如此一來，遇到真正需要斥責的情況時，才能夠獲得真正的效果。

舉例來說，在工作場合無視主管是非常不應該的行為，因此當部屬辦事前忘記（或是刻意忽略）請示身為主管的自己，或是沒有提交報告時，就必須想辦法使對方反省，以預防再次發生。

「為什麼沒有向我報告呢？（虧我那麼信任你）真是太遺憾了！」如此一來，即可強烈表達出「**正是因為信任，才沒有過多干涉**」的態度；當然，面對嚴重的失誤時，也應使用相同的方式。

平常不會對自己過度指手畫腳的主管，在這次的事件上說出這番話，一定會讓聽者有所警惕。確切表達出自己的立場後，就不應再緊揪著失誤不放，應該盡力幫助對方補救錯誤，相信渡過這次難關後，未來部屬就會更重視主管的意見了。

2 找出部屬的問題，共同解決

無論是年輕的工讀生還是正式員工，一視同仁、以嚴厲的態度責罵後，隔天工讀生就無故不上班，導致工作開天窗……這樣的案例屢見不鮮。

此外，也有許多資深的兼職員工，仗著自己比年輕員工更了解實務，露出老鳥的高傲態度或是固執己見。事實上，這些資深兼職者的戰力都占有一席之地，有些工作少了他們就沒辦法順利運作，而每位主管都一定會面臨必須指導工讀生和兼職員工的時候。

冷靜不動氣，是成功指導的第一步

很多人都認為年輕工讀生「動不動就辭職」，所以只好認命分擔對方的工作；也有很多主管怕嚇跑工讀生會造成其他同事的困擾，只好用小心翼翼的態度，遇到該責罵的時候也不敢開口。這樣的情況，只會使這些工讀生與兼職員工的態度越來越差。

主管應該以明確的態度指出錯誤、指正疏失，例如「你遲到了喔，以後請守時」、「我交代給你的工作，怎麼都還沒做？」**這時的關鍵在於不要動氣**，即使發現對方態度不遜，絲毫沒有反省之意或是隨口敷衍時，仍應以平靜的態度提出要求：「以後請注意」、「請在下班前完成」。

有些兼職的員工雖然對工作全力以赴，卻總是找不到要領而失敗，這時應先理解對方的處境與困難處後，再行指導。

「工作很忙對吧？不過還是要多留意一下細節喔。」

「我知道你趕著把這件事做完，但還是慢慢來才做得好。」

在對方因失敗而沮喪時，還繼續窮追猛打，只會讓他們退縮，連工作效率都會變差。因此，**主管先表現出理解的態度，才能讓他們感到安心**，會想更努力工作以回報主管的體諒。面對認真工作的部屬時，先認同努力、再針對失敗提出指導，才能夠引導出部屬的幹勁。

常說「謝謝」並放低姿態，老油條員工也心服

有些兼職員工因為做得久了，會表現出根本不怕主管的態度。這時直白地指責對方，不僅無法獲得任何效果，對方可能還會在背地裡散播謠言、陷害主管。因此，面對這些老油條時，主管必須嚴陣以待，不能輕忽。

關鍵就在於不能讓資深的兼職員工覺得「被主管責罵」，要避免在其他同事面前責備，製造私下單獨說話的場合，並先用感謝開頭：「謝謝你總是幫我們那麼多忙。」

接著再慢慢將話題導向重點，「我想提高整個部門的作業效率，不曉得你能不能助我一臂之力？」提出委託之後，再暗示希望對方改進的事項：「我希望你能夠在期限內達成目標，所以，請在工作時間減少閒聊。」

就算是平常把上級的要求與命令當耳邊風的人，聽到主管親口拜託自己幫忙時，也很難搖頭拒絕。但是別忘記，對每位兼職者都要採取相同態度，讓他們感覺自己和其他同仁平起平坐。

不斷比較，是最差勁的責備

兼職員工和工讀生對「比較優劣」非常敏感，絕對不可以在責備時說出「學學A吧」、「為什麼你不能像B一樣呢？」這種明顯與他人比較的用語。

兼職員工、工讀生與正式員工不同，不必太過在意公司利益與人際關係，因此能夠輕易地說出異議，也能毫不猶豫地向高階主管抱怨對直屬上級的不滿。儘管主管提出的指導並無不妥，從他們的眼裡看來全部都是「用權勢威逼」，因此，當主管採用與他人比較的責備方法時，容易使他們的不信任感爆發。

3 高明的附和，是最佳的暗示

面對客戶的無理要求或毫無道理的客訴時，最重要的是必須想辦法讓對方認同公司的說法。當你成功安撫對方的怒氣時，自然有機會提高公司的信用。

此外，主管也必須與部屬無法處理的案件（客訴）周旋，這時處理的手法是否完善，都會影響自己在部屬和高階主管心裡的評價。很多人面對客訴時，都秉持著「必須說服對方」、「不能被對方氣勢壓過」的心態，但是這只會讓客戶更加生氣。

附和不等於「客人沒錯」，而是平復他的情緒

處理客訴時的基本應對方法，就是好好傾聽對方的訴求。**即使確定我方有理，仍應表現出接納對方的態度，不應打斷客戶的抱怨。**

在客戶抱怨的時候，可以邊點頭、邊附和：「原來是這樣啊！」「您不滿的是

○○問題吧！」

如此一來，才能讓客戶覺得傾聽者能夠理解自己的心情。確認事實的同時，也應找出對方發怒的真正原因，才能運用在後續的對應中。舉例來說，當客人因為不能使用某張優惠券、憤而客訴時：

消費者：「為什麼我不能使用這張優惠券？」
客服：「您購買的是特惠商品，不能搭配優惠券使用。」
消費者：「你們又沒有講過！」
客服：「優惠券上有寫明規則。」
消費者：「規則寫得這麼小？這樣誰看得到啊！」
客服：「字的確寫得比較小，真的非常抱歉！」
消費者：「我為了結帳排隊排那麼久，你們才跟我說不能用？」
客服：「真的非常抱歉，耽誤您寶貴的時間。」

在聆聽顧客埋怨的同時，努力安撫對方，並在對話過程中確認客訴的原因。

讓客人以為自己賺到的暗示話術

了解顧客生氣的原因與訴求後，接著要想辦法引導顧客接受我方的處理方式。

消費者：「你們公司難道都是靠這種欺騙顧客的手段賺錢嗎？」

客服：「抱歉讓您等了這麼久時間，我能夠理解您生氣的原因。」

消費者：「既然你理解的話，就讓我使用這張優惠券吧！」

客服：「非常抱歉，我已經向上面請示過了，真的不能使用。」

消費者：「你們這種做法，其他客人也不會接受的！」

客服：「感謝您寶貴的意見，我們會儘早採取因應措施，避免再有類似情況發生。」

消費者：「那你們該怎麼賠償我？」

客服：「雖然這款特惠商品不能搭配優惠券，但是這邊有類似的商品可以折價，您是否要考慮看看呢？」

消費者：「我就是喜歡我挑的這款！」

客服：「這是敝公司的熱賣商品，能夠以相當優惠的價格，擁有如此完善的機能，真的很划算喔！」

消費者：「嗯……我考慮一下。」

客服：「謝謝。不曉得您是否方便給我一點時間，讓我為您詳細介紹這款商品呢？」

有些人認為會吵的孩子有糖吃，考慮到這個後果，絕對不能對顧客過於言聽計從，否則在答應的瞬間，就會將自家公司貶低為「用錢解決事情的公司」。主管絕對不能開此先例，必須想辦法在守護公司利益的同時，找到顧客可以接受的處理方式。

例如尋求替代方案、詢問主管是否有因應措施，**藉此讓顧客感受到「盡最大能力為顧客爭取權益」的誠意**，此外，也應對顧客的投訴表達感謝之意。只要能夠讓對方感受到真誠的謝意，這場客訴風波就算是畫下完美的句點了。

4 先說關心、再建議，同事會欣然接受

向同為主管的同事提出建言，真的非常困難。有時候好心向同事提出建議：「辛苦你了！但是要負責這件事情，待人處事不能這麼直白，必須圓滑一點才行。」明明立意良好，但同事聽在耳裡卻感到不滿：「這傢伙是在幸災樂禍嗎？」「這種事情，我還要你教嗎？」

與同事談論公事時，態度不能太低，也不能流露出高高在上的樣子。那麼，該怎麼做才好呢？接下來將舉幾個例子，各位一起思考看看。

主動關心，幫助同事學習檢討

同年進公司的同事A，和你同樣都是主管，底下帶了幾位部屬，但是你最近不經意聽到公司傳言，「在A底下工作很辛苦」、「A總是對主管諂媚，對屬下嚴厲！」

站在同樣必須管理部屬的立場，再加上A是和自己同期進公司一起奮鬥到現在的夥伴，讓人覺得必須提醒他一下。

但是，人們會對釋放出善意的人敞開心胸，對指責自己的人則會感到反感。因此，如果一開口就向對方表示：「我聽到幾個關於你的傳聞，你最好改一下喔！」對方聽了一定立刻拉下臉，日後還可能疏遠你，更別說聽從意見改善自己的行為了。

提出忠告之前，先表達出「我很擔心你」的態度：「聽說你最近很辛苦，沒問題吧？聽說你帶人的標準很高，大家都很擔心你喔！」只要簡單一句「擔心」，就能夠引導對方敞開心胸，說出真心話，這時就有機會引導他一起尋找改善方法。

但是，難免會有人聽到其他人的關心，仍擺出「和你沒關係」的態度。這類自尊心較高的人，通常無法聽進他人的意見，因此，**勸告時要想辦法引導對方主動認為不改不行**，「再這樣下去，經理肯定會要你提出部門報告吧？不過我想你應該已經考慮到這部分的問題了。」間接製造出讓對方主動檢討的機會。

5 老愛唱反調的人，讓他感到「我最特別」

當部屬對主管沒有個人意見，不會大唱反調時，可以運用本書前面介紹的基本責備準則，但是，當遇到莫名對你有敵意的部屬，刻意不配合、唱反調時，你該如何回應呢？

活用心理學，成功讓部屬聽話的三個祕訣

❶任何人的本性，都渴望「被認同」

面對部屬時，應先理解「人人都希望獲得認同」。當我們被否定時，一定都會受到打擊，甚至會覺得自己的人格受到批判。因此，當部屬發生失誤時，應先好好地聆聽他的理由，並表達出理解的態度。例如「我懂你的心情」、「原來你當初是這麼想的」。當部屬知道主管認同自己時，就會更加坦率地接受建議或指責。

❷表現出想「一起解決問題」的態度

「立刻去找客戶道歉！你知道該準備哪些東西吧？」這麼嚴厲的斥責，絕對會引發部屬的反彈，但是，如果稍微改變說話的口吻：

「客戶在生氣了喔！現在得馬上去道歉，你知道該準備哪些東西嗎？」

「一起想辦法解決趕不上交貨期的問題吧！」

許多主管會認為自己必須表現得比部屬優秀，或是要讓部屬看見自己能幹的樣子，因此較不願意擺出與大家一起解決問題的態度，若是主管願意擺出「大家一起想辦法」的態度，效果會更好。

❸「我只告訴你」，製造唯一的獨特感

要管好部屬，就必須在責備完後確認後續狀況。例如，當部屬挨罵後立即展現出反省態度，或是立刻改善自己的行為時，就應立即稱讚對方「這就是你的優點」、「這樣就對了」。

責備的過程中意識到語氣過於嚴厲，或是發現對方因此心情低落時，可適時補上一句：「這些話，我只對你說。」藉此滿足對方想被認同的心。

只要加上這句話，就能讓部屬認為「主管是因為對我有所期待，才會責備」，如此一來，就會想回應主管的期待，幹勁十足地執行工作。如同前面提到的，每個人都希望得到他人的認同。

如果你的個性比較細心、謹慎，就盡量將這項特質應用在部屬管理中：

「主管的個性很溫和，所以有事會想找他商量。」

「主管待人處事很有彈性，會令人不自覺想聽從他的指示。」

「我不小心犯錯時，主管願意仔細地指導我。」

「主管很擅長照顧大家的心情，工作自然也會變得很順暢。」

「主管令我感到安心，讓我能夠專注在工作上。」

活用自己原有的性格在管理部屬上，相信你一定能成為與眾不同、值得部屬信任的主管。

6 太為部屬著想的責罵，不會有好結果

主管會擔心，有些部屬在遭到責備後，是不是會心情不好？或是認為剛剛的訓斥有針對性？因此有時在責備部屬之前，還會先聲明：「希望我接下來的話，不會影響你的心情……」

但是，主管指導部屬，是非常正常的，根本沒必要這麼小心翼翼。面對**主管過於謹慎的態度，情緒比較纖細的部屬也會認為「我的能力並未受到期待」，進而感到不滿**。如同前章所述，其實有很多部屬希望主管能給予自己應有的指導，遇到應改進的事項時，就直接說出來。

以下將提出三個責備的正確態度，讓主管不必在責備時這麼小心翼翼，還可以正確教導部屬有效率的工作方式：

❶絕對不可情緒失控、高聲吼叫

當主管表情一變，情緒敏感的部屬一定就知道自己做錯事，這時主管若直接扯開嗓門大罵：「你在做什麼？」「你到底懂不懂啊？」這種高分貝的怒吼所帶來的恐慌感，就是一種無形的情緒暴力。

前面將責備依輕重分為三個階段，其中並不包含「大吼」，這種做法只會對挨罵者造成精神上的傷害，讓人覺得主管只會以權勢逼人。

❷報告太冗長時，用「提問」暗示部屬講重點

有些部屬報告工作進展時會一五一十詳盡說明，包括與交易對象的交涉過程、無法順利進展的理由等。這種報告方法相當冗長，必須聽很久、聽到最後，才會知道結論，中間還有可能搞不清楚部屬要談的重點是什麼。這時，有些主管會忍不住打斷：「我聽不懂你在講什麼，所以結論是？」「你先整理一下再報告！」

我當然能夠理解主管覺得報告太冗長的不耐心情，但是以上兩句話絕對不能說出口；部屬努力想報告、卻被主管貿然打斷，這時他不會反省自己報告沒有條理，反而會認為「主管都不聽別人說話」、「不願意傾聽」。

因此建議各位主管在聽取部屬報告時，一邊從對方的內容中整理出頭緒，一邊暗示對方報告中的重點，例如：「所以你指的是〇〇對吧？」「簡單來說，就是〇〇對吧？」

此外，也可以在對話結束後，用輕鬆但正經的口吻提醒：「下次要從結論開始報告。」「下次可以先統整一下，讓報告內容更加精簡。」

有些部屬以為，「報告」就是把細節全部告訴主管，因此指導的重點，就是好好地聽清楚部屬說的內容後，再告知應該改善哪些狀況。

❸下達具體的指示，表現好更要具體評價

有些主管認為自己已經和部門中的同仁有默契，很容易用過於模糊的指示方式，例如「這邊你自己想想看吧」、「後面就交給你決定了」，但是這種方式並不適用指導所有人。

部屬可能有心做好，但是這種曖昧的指令，卻會讓工作進度延遲，最後甚至演變成必須不斷反覆指導。同樣情況反覆幾次後，部屬就會對主管貼上標籤，認為這是個「什麼都不肯告訴部屬的冷漠主管」、「不懂得指導部屬的主管」。因此不管面對哪一位部屬，應盡量提出具體的工作指示。

7 善用提問，引導新人進入狀況

近來有不少年輕人，不擅長依自己的判斷行事，習慣等待主管的指示，一旦遭到責備就鬧彆扭、失去幹勁。

當然，不是所有年輕人都這麼被動又禁不起打擊，但是，在教育剛出社會的新進職員時，仍必須在「責備」方面多費一番工夫。

「該怎麼問」，也需要你來指導

許多主管最常犯的錯誤，就是在新人犯錯時反問：「為什麼做這件事情前不先來問我呢？」我雖然能理解各位主管的心情，但是假想看看，若你坐在飛機的駕駛座時，突然有人下達「讓飛機起飛」的指令時，你肯定會一頭霧水、不知道該從哪個步驟開始，更別說「該問什麼問題」了。

剛進入公司的新人正是如此，要求他「做之前要主動提問」，也只是徒增壓力，讓新人害怕下次失敗而已。真正的新人教育，主管必須在平常就勤加詢問新人狀況，一旦察覺對方似乎搞不清楚狀況時，就適時地給予建議。

此外，責備完新人後，也應該針對各種細節提問，幫助他回顧、反省犯錯的過程，例如：

「你認為當時該怎麼處理呢？」

「你認為哪個時間點提出報告比較好呢？」

「你認為這種事，該以什麼態度處理呢？」

必須以具體的問題引導新人，才能幫助對方確實了解應改進的地方。只要新人能夠主動反省，就能理解主管為什麼不悅，自然也會更加信任幫助自己改進的主管。

現今二十多歲的年輕人，在成長過程中較少挨罵的經驗，因此認為「挨罵等於負面評價」，雖然實際情況往往是因為「愛之深責之切」，但已經越來越少人能夠理解這個道理了。因此，主管出言責備的同時，也應該確實傳達你對新人的期望，讓他了解「主管是對我有所期待，才會開口責備」，才能幫助新人不再恐懼挨罵。

8 帶著情感責備，部屬一定會成長

在各位主管的團隊中，是否也有非常了解自己行事原則的部屬，而他不僅做事負責誠懇，平常還積極擔任你與團隊成員間的橋梁，是主管不可或缺的左右手。身為團隊領導者，若想帶動所有人，就必須培育一個這樣的得力助手。好的左右手能提升整體團隊的品質，因此責備這樣的角色時，也應審慎選擇開口方式。

用這句話責備，表達你的信任

當主管必須應付團隊各種枝微末節的問題、針對部屬的小困擾給予意見、為小事提供決策時，就會忙得蠟燭兩頭燒。這時，得力助手有助於分擔主管工作，提升團隊凝聚力並提高成員的工作幹勁。

因此當團隊發生失誤時，請試著詢問得力助手：「為什麼有你在，還會發生這種事呢？」「你以為我為什麼會派你過去盯著呢？」**這種責備方法，可傳達出「我信賴你」、「你是我的得力助手」的訊息。**

而再能幹的部屬，就算不發生失誤，都有不得不向主管求助的時候。例如依過去數據與市場調查實施的銷售計畫，卻發生了完全不符預期的結果，讓部屬很難判斷是否該繼續遵從原訂計畫？或是大幅修正整體銷售計畫？

這時主管的意見當然很重要，但是當對方是自己信賴的得力助手時，就必須釋放較多的決策權，告訴他「依你的判斷，盡力處理」。

將決策權交給得力助手後，主管的只需要靜觀其變，默默觀察他的行事，等到事態不對時，再趕緊出手救援即可。或許得力部屬的處置方法，會導致其他風險、令人感到不安，但是，主管表達出的「信任」，能夠提高部屬幹勁，使他願意繼續跟隨著這樣的領導者，努力發揮所長。

9 檢討團隊失誤時，最忌找戰犯

很少有工作是獨自一人可完成的，基本上，公司的利益都與團隊合作的成果息息相關。因此適時責備整個團隊，蘊含著提升整體公司利益的意義。主管有責任讓所有成員了解：「工作成敗，攸關整個團隊，並非只與當事人有關。」

打造成員彼此互助的團隊氣氛

主管必須以失敗為核心，引導每位成員釐清自己的責任，「你們認為這次失敗是什麼原因造成的？」「請你們想想看，自己當初是否還有什麼該做的沒做？」同時讓他們主動反省檢討：「我的工作應該更早完成的。」「我最後的確認工作沒有做好。」「我應該主動協助其他人。」

每位團隊成員回顧自己未盡責的地方，而非將錯誤都推到一個人身上，才能夠提升

每個人對團隊合作的覺悟。

此外，許多團隊發生失誤時，都有一個共同的原因，那就是「溝通不足，導致沒發現失誤」。例如，當成員A對成員B感到質疑，雖然心裡想著：「他這樣做好像不太好吧？」「繼續這樣下去，可能會影響結果」，卻又考慮到職場人際關係，顧慮到「現在出言提醒，是否會傷及對方自尊」、「對方會覺得自己多管閒事」，而把話吞進肚子裡。

確實，職位相當的同事之間，很難開口提醒彼此。但是，放任不管卻會造成更大的錯誤，使團隊的績效始終無法提升。最後，人們就會將主因歸咎在「帶出這種團隊的主管」身上。想要防患未然，就必須打造出部屬之間會互相提醒錯誤的工作環境，而團隊領導者，則是唯一能夠做到這件事的人。

「覺得有疑慮時，就直接提問！」「我認為，看到問題卻不出聲的人，就不是會做事的人。」「工作時互相多提醒一聲！」

責備整體團隊時，採用較為嚴厲的話語，可大幅提升效果。雖然剛開始開口時需要勇氣，但是想讓每位成員都嚴守、貫徹這些注意事項，就必須採用「半強迫」的方式才會有效，在責備時，也必須想辦法讓部屬認同「做這件事的理由」。

10 不想得罪前輩、主管時，如何提出建議？

要向前輩或主管提出意見，需要非常大的勇氣，你的建議可能會引發主管反感，危及自己在職場的地位，所以每個人都會盡量避免向前輩或主管提出建言，但還是會有無法避免的時候。

例如，有多名部屬向自己抱怨，某位位階比你高的主管或前輩，總愛破口大罵影響職場氛圍，讓其他人工作時如坐針氈。事實上，你自己也對這種情況深有同感，因此實在不能放著不管。

先大力讚美，他會對建議照單全收

希望前輩、主管改善行為時，必須先追求表面（可實際看見的行為）的改善，再引導對方打從心裡（做出這些行為的理由）感到認同。例如，希望總是怒吼他人的主管，減少這種過於壓迫的態度時，可試著這樣勸告：「大聲罵人會使部屬更加畏縮，沒有多餘心力理解您的指導，**沒人明白您的苦心就太可惜了。**」

提出建言時，務必要傳達出「我知道您是為了我們與公司，才會激動地出聲喝斥」的意思，聽到這樣的說法，應該就不會得罪主管、前輩，有時對方甚至會立即改變做法；就算勸諫沒有成效，至少也不會將勸諫者視為眼中釘。

勸諫前輩、主管時的基本關鍵，就是要放低身段，並且要注意所有的用字遣詞，例如「能不能請您再和上級談看看呢？」「我無法理解您的評分標準。」這類未經修飾的表達方式，在對方耳裡聽起來，單純是在發洩不滿而已，絲毫不會認為這是要求改善的勸諫；因此，不妨改用下列表達方式：

「前輩若能再與上級談看看，我們也會盡全力做好這些事的，拜託您了！」

「我想知道您對我的評價，能否請您分享一下呢？」

提出要求時，你必須格外留意，語氣間不能讓對方感受到任何「指責」的情緒。無論你表現出多麼誠懇的態度，只要不經意吐露一句惹怒對方的話，前面的努力就付諸東流了。

當主管欠缺領導風範時，可能會造成人際關係上的問題，在為工作下決策時也會遇到重重阻礙。「大家都對部長散漫的態度感到困擾，您能不能想想辦法呢？」有時可能會在聽到部屬抱怨後，才意識到自己的頂頭主管，已經造成職場危機了。

這時切忌直接責備對方，絕對不可說出：「希望您更果斷一點！」「這種事該由部長決定不是嗎？」否則你的主管會惱羞成怒地反駁：「不然你來做做看！」「我也有我的苦衷！」最後只會破壞兩人的關係。

這時必須表達出主管對團隊有多重要：「沒有部長幫忙的話，這件事情就沒辦法完美落幕。」「請您助我們一臂之力，否則沒辦法解決這個問題。」人人都喜歡被信賴的感覺，更何況提出請求的是自己的後輩、部屬，就更加義不容辭了。有時接受勸諫的人也心知肚明，知道自己只是在逃避問題而已，這時若有人說出：「這件事情必須靠您了！」就會不得不想辦法解決。

不小心抱怨時，請立刻說「讓您感到為難了」

有時面臨太不合理的狀況時，難免會不假思索地批判或抱怨：「我無法理解這次的處置方式！」「我們為什麼要對業務部言聽計從？」

只要能夠立即意識到自己說錯話，即可趕緊補救：「抱歉，我不小心說出太不講理的話了，我也知道您的立場很為難……」「抱歉，我知道您比我更為難，我能夠理解您的心情……」

所謂「高處不勝寒」，這也可以說是商務人士的宿命。位居上位者，總有下位者無法了解的辛酸。因此，**或許無法真心理解主管的心情，但是對這份孤獨與為難表示理解，絕對能夠提高主管對自己的信任感。**

開頭曾經說過，勸諫前輩、主管的「風險」很大，但是，只要學會正確表達方式，或許簡單的一席話就能夠為勸諫對象、乃至整個團隊、整間公司帶來莫大益處。

第5章

自目、出張嘴、難搞的部屬，如何罵出成果？

狀況 1

老是出一張嘴批評、檢討其他同事

立刻制止並私下談話，「所以，你做事從不犯錯嗎？」

職場上難免有人處理事情的手腕不佳，或經常發生失誤，讓其他同事幫忙收爛攤子，有時會有脾氣較差的同事，跳出來嚴厲指責或是冷言冷語，甚至攻擊對方人格。其他人看見這種強勢態度後，心情上難免會受影響，最後連帶地讓整間公司的氣氛都變差。

避免部屬事後不認帳，要當下制止

團隊裡的成員能力有高有低，大部分情況下，受指責的同事也有必須改善的地方，但是無論工作手腕高低、能力如何，都應該以建議、鼓勵取代批評。以適當的責備與鼓勵，幫助部屬改善缺點、持續成長，是主管的責任；相反的，若提出責罵的是平起平坐的同事，就很容易衍生出職場霸凌。當職場環境默許霸凌時，同事們就會喪失工作幹勁，使整體環境死氣沉沉。

假設今天有個部屬總愛責怪同事：「都是因為有人工作能力太低，我們團隊的業績才會變差！」「你都不會檢討自己啊？」

「A，請過來一下。」這時，主管必須以嚴厲的語氣、嚴肅的表情，讓部屬深刻體認到，主管絕對不允許同事之間互相指責，「每個人都有自己的做事習慣，不是嗎？」「當你說出這些不留情面的話時，其他人也會反過來指責你喔！」**在事情發生的當下，就必須以強烈的態度告誡對方，而不是拖到後來才解決。**

「你有空的時候過來一下，我有話要跟你談。」由於部屬的批判，多半未經大腦就脫口而出，所以事過境遷後，往往會選擇裝傻，「我沒有說過這種話！」「我指的又不是那個人！」所以就算必須暫停手上工作，也得當場提出指導。

一針見血的反問，讓他閉嘴反省

要責備這種部屬時，必須拿出領導者的強勢，讓對方知道絕對不可以輕視同事、嘲笑他人的失敗。

「你自認為每件事，都能夠做得盡善盡美？」「你敢說自己絕對不會失敗嗎？」善用這些反問方式，即可讓他立即體認自己言行的不妥處。

工作成果取決於整個團隊的合作狀況，因此過程中若發現同事笨手笨腳，或是因為對方的失誤增加自身工作負擔時，難免會覺得不悅。但是，**當成員因吐露真心話引發衝突時，其實也是提高團隊實力的絕佳機會**。

責罵之後也應給予肯定，藉由一句「我知道你也是為團隊著想」，表明自己能夠理解他出言抱怨的心情，如此一來即可保住部屬的顏面，其他成員也會重新體認到主管有多麼重視團隊和諧；同時也能幫助能力較差的成員，努力改善自己的工作方式。

習慣責怪其他同事的部屬，要立刻指正

狀況：當部屬責罵犯錯的同事時

1 當場訓斥，以免他事後不認

A，過來一下！
咦？

➔即使必須中斷手上工作，也應當下訓斥。

2 讓對方了解「每個人都可能失敗」

難道你能把每
件事情都做得
盡善盡美嗎？
對不起……

➔讓他知道「不可以嘲笑他人的失敗」。

狀況
2

性別歧視、用性別當藉口，逃避工作

告誡部屬，工作表現不是和人比，而是「和自己比」

有些男性習慣輕視女同事的能力，當對方的評價優於自己時，就會毫無分寸地大肆批評；或是聽到女同事反駁自己時，會感到異常火大；與女同事持相反意見時，態度也會格外盛氣凌人。

當然，也會有女性職員以性別為藉口逃避工作。請她們倒茶、影印時，會氣沖沖地認為主管歧視女性；請她們做勞力工作時，又會露出不敢置信的表情：「你們竟然叫女性做這種事情？」

這些專門製造麻煩的職員，並不局限於資深員工，許多年輕職員也有相同的毛病，而這些行為會使其他職員感到不悅，使職場士氣低落。這些人自我意識強烈，行事以自我為中心。如果放任這些狀況不管，他們就會誤以為自己的行為沒錯，最後就變本加厲。

工作能力，才是評斷的基本

身為主管，當然必須制止這些行為，打造出讓所有人都能開心工作的環境。但是，主管們往往會苦惱著不知該何時出手，我提供的判斷標準是，只要有任何人對這種行為感到不快，就必須立即制止，因此請相信自己身為領導者的判斷能力。

遇到以霸道態度壓迫女同事的男部屬，或是仗著性別挑選簡單工作的女部屬時，可試著這樣勸誡：「無論性別是男是女，都是這個團隊的一員」、「工作不分性別，只論能力高低」。

主管應該表現出明確的態度，讓部屬知道職場裡沒有性別區分，每個人都應發揮自己的能力，在能力範圍內做好份內工作。畢竟，每一份工作都仰賴人與人之間的合作，即使在A領域長袖善舞的人，到了B領域或許就一籌莫展。

「團隊合作」指的是每個人在工作過程中，都應在自己的擅長領域努力發揮，**並藉助同事的力量完成自己不擅長的部分，唯有互助互補，才能夠完成每一項工作。**

提升感謝心，消除愛比較的心態

除了前面談到的例子，有些人總愛執拗地追問同事戀愛經驗、家庭成員、和姻親相處的狀況，也讓人不堪其擾。這時最重要的就是引導出部屬對同事的感謝之意，讓他們把注意力轉移到彌補自己不足的同事。

「謝謝你幫我搬這些重物，真是幫了我大忙。」

「顧客們都很愉快地離開了，謝謝你幫我注意那麼多細節。」

由主管帶頭營造出和諧氣氛，讓部屬懂得對其他人的協助致謝，自然能夠為職場帶來融洽的氛圍。當成員們習慣互相道謝時，就會漸漸地互相體諒，並減少對性別的執著，使工作更加順暢。

用性別當工作的藉口時，如何訓誡？

當部屬說出這些話時

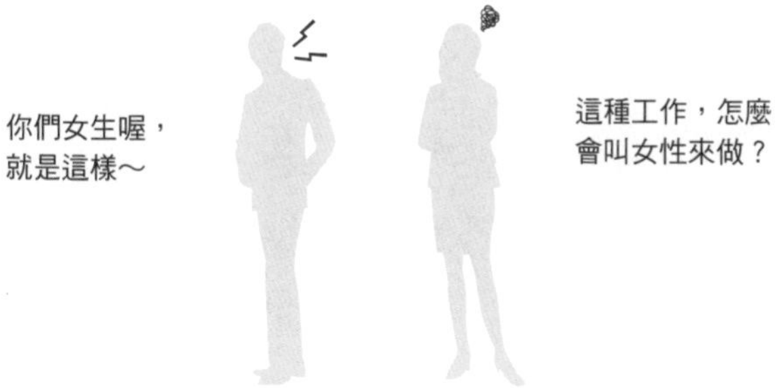
你們女生喔，
就是這樣～
這種工作，怎麼
會叫女性來做？

無論男女，都
是這個團隊的
一員！

➔**明確地讓部屬知道，職場沒有性別之分，每個人都應該在能力範圍內，做好分內工作。**

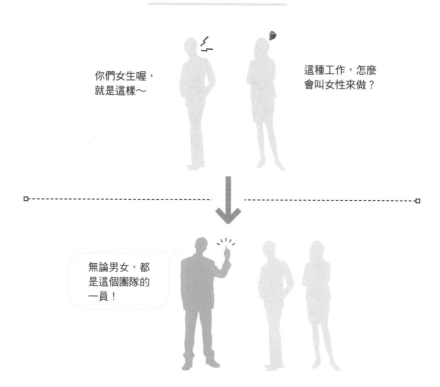

狀況3

表裡不一，只會在主管前求表現

公開表示，誰默默在做事，你全都看在眼裡

有些部屬在前輩、主管面前會特別殷勤，例如：自願擔任會議司儀、搶先接下主管交辦的工作。但是，在其他同事、後輩眼裡的評價，卻出乎主管意料地低。

常見的情況包括：「在背地裡批評主管與同事」、「總是在對自己有益的時候努力爭取，遇到爛差事時就會推給同事」、「只做能夠加分的工作，很懂得在主管面前表現自己」等。

公開讚美，表達自己對團隊的關心

這些搶著做給人看的部屬，總是能夠帶給主管良好的第一印象。當主管感到苦惱時，也會忍不住依賴這類部屬。但是，當他們力圖表現時，還是可以從中看出端倪。

仔細觀察部屬的行為，就能夠看出是單純地對工作有幹勁，或是只想在主管面前出鋒頭而已。因此平常必須特別觀察這些表現突出的部屬，確認他們行為背後的真正想法。

如果無法認清部屬的真面目，僅看表面就給予高度評價，認為他「對自己相當忠誠」、「值得信賴」、「能幹」，那麼，**你身為主管的評價就會跌落谷底**，甚至受到其他同事暗地裡嘲笑，「這個主管，真是識人不清」、「只看表面就下定論的無能主管」等。

平常應多留意部屬與同事間的相處方式，確認他是否只做對自己有益的工作。如果確定這位部屬表裡不一，可試著在他面前稱讚其他人：「A總是默默的幫助同仁們，我認為這樣很棒。」藉此表明自己會仔細觀察部屬的各種表現，以及對無名英雄的讚賞。

使用這種「稱讚他人、引導當事人反省」的方法時，建議挑有其他人在場的時候，順便讓大家知道自己「會從各種角度觀察同仁」，藉此彰顯身為領導者的威嚴，進一步凝聚整個團隊。

許多表裡不一的部屬，其實並不曉得自己在他人眼中的樣子，主管應幫助他們意識到：你的表現，大家都看在眼裡。讓他明白「表裡不一」的行為，會影響他人對自己的評價，甚至失去同事的信賴。

用心把事做好，比得到讚美更重要

因此，主管可若無其事地引導部屬留意其他人的想法，「這些好差事都交給你了，大家會怎麼想呢？」「你和其他同事，最近相處得如何？」

聽到主管提起這些事情，部屬勢必會開始留意，進而發現自己在同事間評價不佳的事實。當部屬對實際情況有所察覺時，就是主管再次登場的時機了——

「你知道主管們都是怎麼評價部屬的嗎？」

「我認為，把同事認同的工作做得盡善盡美，也是很重要的事情。」

「一絲不苟地完成不起眼的工作，反而能夠受到其他人讚賞。」

主管應盡量教會部屬這些道理，幫助對方改掉表裡不一的做事習慣。

雖然部屬平常品行端正，很積極爭取工作，也會留意各種小細節，但是總覺得有哪裡不對勁。

這時，應先觀察部屬與同事、後輩之間的相處情形，但是千萬不可直接詢問其他部屬：「你對這位同事，有什麼看法？」否則，一旦部屬發現主管正在調查自己時，日後相處時就會心存芥蒂。

這邊建議各位主管可從「平常與同事間的交流是否順暢」、「部屬的後輩是否會向他尋求建議」開始觀察。如果發現部屬與主管相處融洽，但對於與其他同事的交流卻絲毫不積極時，就必須找機會告訴對方正確的態度。

狀況 4

認為自己最棒，見不得人好的部屬

指派整合性工作，讓他從失敗中學習團隊合作的重要

你的部門中，是否有毫不在乎他人心情、也毫不顧慮他人立場的部屬呢？他們判斷事物的標準，是依自己方便與否，並下意識否定不符合自身標準的行為與想法。

當他們遇到與自己想法不同的同事時，就會採取高壓態度，大肆批評對方；當同事在工作上獲得成就時，他們會感到心理不平衡，有時也會因為小事而發怒，待人處事上採取攻擊性較強的態度。

遇到挫折，才懂得「合作」的重要

以自我為中心的部屬，多半認為自己的能力優於同事，因此主管必須幫助他們認清：每件工作都需要良好的團隊合作。這時，不妨交辦「整合性」的工作，讓以自我

為中心的部屬，負責協調同事間的工作分配。

例如，讓他擔任新專案調查組的副組長，好好地整合團隊。以自我為中心的人，擁有強烈的表現欲，當主管賦予其領導者般的地位，會令他志得意滿；但是，由於這類部屬平常都只看到他人的短處，很難做好整合團隊的工作，很快就會遇到挫折了。

這時候，就是主管登場的時機。適時詢問工作進度，能夠幫助他思考「無法順利進行的原因」、「是否欠缺什麼條件」。**唯有讓部屬親自體會碰壁的感覺，才能夠實際體認到，「工作」必須仰賴團隊合作。**

如此一來，部屬才能意識到現在的困境，其實源自於平常太過自以為是的態度，藉此深刻體認到：「不考慮其他同事，團隊就會像一盤散沙。」「想要爬到更高的地位，就必須先贏得身邊人的信賴。」

當自信心過剩的部屬，改掉以自我為中心的壞習慣時，就會成為活力充沛、充滿幹勁的好幫手。只要選擇適當的培育方式，未來甚至有機會成為幹練的得力助手。因此，應趁部屬還年輕、個性還有得調整的時候，想辦法讓他多受些磨練！

看出他人的優點，也是職場必備能力

以自我為中心的部屬，其實擁有值得稱許的能力與行動力，只是礙於他們以自己的想法為主，以及過強的表現欲，使得他們將能力用在錯誤的方向。

因此主管應引導部屬思考，該怎麼將能力運用在對的地方，並將自己視為團隊的一員，貢獻力量。這時可以建議他：「**想要爬到更高的位置，就必須學會整合團隊的能力。**」

這類部屬通常都很清楚旁人對自己的不佳評價，所以才會藉由更醒目的行動，想得到認同。因此，主管應多製造與這類部屬交談的機會，傾聽他們的想法。當主管願意聆聽自己的聲音時，部屬自然也會更信賴主管，如此一來，未來施以指導時，對方也更能聽得進去。

對同事的成功眼紅，又總是堅持己見

✕ 直接訓斥他不懂團隊的重要

你應該要考慮
其他人，不能
我行我素！

➜只會招來部屬反彈，毫無改善效果。

○ 交辦「專案負責人」這類必須與他人合作的工作

我很期待你跟
其他人合作的
成果。
我要努力做好！

➜領導性質的工作，可幫助部屬認清問題。

狀況 5

部屬得罪合作廠商，惹怒對方

立刻道歉只是基本，你得讓部屬思考「解決方法」

惹惱合作的廠商時，斥責、指導失敗的部屬，或是要求部屬反省，這些都只是次要，首先該做的是向生氣的合作對象道歉。一切必須從主管帶著部屬向對方低頭開始，這時所有人都在觀察這位主管，想知道他面對部屬犯錯時願意扛多少責任。

因此在聽完合作廠商抱怨後，請誠懇地向對方賠罪：「沒有把部屬教好，是我的責任，請您原諒！」一看到主管願意負起責任道歉，合作廠商的怒氣應該會稍微減弱，其他部屬看在眼裡，自然也會增加對主管的信賴感；至於犯錯的當事人，也會因為對主管造成麻煩，深刻地反省自己的行為。

教會部屬主動反省，避免一直幫忙收爛攤

修復與合作廠商間的關係後，回頭就應確實地指導部屬，避免再次發生類似失誤。以下是在向合作廠商道歉後，主管和部屬談話的三步驟：

❶保持冷靜情緒，聆聽部屬報告經過

「先把你的情緒與解釋放一邊，告訴我到底發生什麼事情了。」首先，主管應要求部屬將惹怒對方的過程，一五一十地敘述出來，以釐清對方生氣的原因。這樣可以同時教育犯錯的當事人與其他部屬，主管本身也可汲取經驗，以應用在未來的管理上，避免犯同樣的錯。

想要掌握正確的事實，在聽取部屬報告時，必須保持冷靜沉穩的態度。若是反應過於激動，部屬就會因為怕挨罵而避重就輕，甚至可能隱藏最重要的事實。

❷要求部屬思考「失敗的原因」

「你認為對方為什麼會生氣呢？」確認完事情經過，主管必須引導犯錯的部屬思考對方生氣的原因，以及應對時的不妥當之處。

❸一起思考因應對策，避免再次發生

找出原因後，應該尋找解決辦法，這時同樣要引導部屬主動思考：「你認為該怎麼做，對方才會原諒我們呢？」否則，若讓部屬養成讓主管擦屁股的習慣，未來就會難以獨立。

狀況 6

服裝與言行不當，如何讓他改正？

告訴他：「你能力很好，不該被第一印象限制。」

雖然公司職員都是獨立自主的成人，但是上班時仍必須遵守公司的禮節，言行舉止必須符合社會觀感；儘管如此，近來卻有越來越多年輕上班族，無法理解社會觀感的含意。

有些人會穿著不適合上班的服裝，或是將頭髮染成誇張的顏色，放任這些行徑不管的話，恐怕會擾亂職場的紀律。

若感覺「怪怪的」，就該馬上指正

但是，對於已經是成年人的部屬，主管實在不方便一一指出所有問題，甚至會感到困擾：「為什麼連這點小事都要我提醒呢？」「這些問題跟工作沒有直接關係，很難當面說出口……」

但是，打造出良好的團隊（職場）氛圍，是主管應盡的責任。**如果放任部屬穿著不恰當的服裝上班，其他部屬就會認為主管既然能容忍這種狀況，對其他事情應該也不會太過嚴格。**最後，整個團隊成員就會不在意公司規範，以長遠來看還會對業績造成負面影響。

若是部屬的言行或打扮，令人「忍不住多看幾眼」，這裡的「多看幾眼」，指的是從主管的觀感來看，也就是說只要令「主管」忍不住多看幾眼時，就符合要求對方改正的標準，根本不需要為部屬考慮太多，獨自煩惱「可能是因為我跟年輕人有代溝吧？」或是「這個時代本來就講究個人特色。」

儘管當事人很喜歡自己的服裝與髮型，但只要看了覺得怪怪的，或是服儀不乾淨時，就不適合出現在職場。因此，主管要相信自己的觀感，對部屬的穿著和言行感到不對勁時，請直接糾正。

這時，主管可以單獨和這位部屬談話，先反問他：「你知道我要跟你談什麼嗎？」大部分的人都會從語氣中，察覺主管想要告誡自己的事項；當然，有人是真的猜不出來，無論部屬反應如何，主管都應毫不猶豫地提出正確的指導。

這樣說，讓部屬主動改過，變得更好

這時最重要的，就是避免直接喝令他「把髮型換掉」，而是引導部屬自己說出「我的髮型不符合社會觀感」，當然，主管也不能直接說「公司希望你換個普通的髮型」，而是要站在部屬的立場，為他分析這個髮型的優點與缺點。

「我認為，你的工作能力不錯，但是給人的第一印象不太好，如此一來，他人看不見你真正的優點，我覺得很可惜。」聽到主管這樣說，部屬自然也不得不開始反省自己的儀容。

當部屬也體認到自己的打扮不符合社會觀感時，主管可以進一步確認他想怎麼改善，這時也應避免提出過於具體的指示，例如「別再染髮了」、「明天開始穿正經一點的服裝上班」等。

希望部屬打從心底願意遵守職場紀律時，就必須讓當事人親自決定改善的方式，主動提出「我會在這週末去換一個正常的髮型」、「我明天就會改穿一般服裝」，畢竟，主管要求改變與部屬本人自願改變，所獲得的效果簡直是天差地遠。

服儀不當的部屬，讓他自己承認「要改」

1 相信自己的觀感，別以為「這只是小事」

這種穿著打扮，不
符合社會觀感。
但是，好像又
跟工作無關，
該糾正嗎？
×

➜當你感覺小地方「怪怪的」，就應該立刻糾正。

---

2 引導部屬主動承認：「這樣不對」、「我會改掉」

你能力很好，但第
一印象會讓你吃
虧，很可惜啊！
對，這種打扮
不太適合上班族。

➜關鍵在於由部屬親口說出「這樣不對」，主動改正。

狀況 7

責備自尊心高的部屬，擔心他惱怒

故意在他面前罵別人，表現出愛之深、責之切

有些自尊心較高的上班族，雖然討厭被指導、被罵，卻比任何人都渴望主管的關注，因此他們會仔細觀察同事與主管間的交流，可以善用這個特點，指導自尊心強的部屬，不怕他內心受傷。

當主管在指導（責備）其他部屬的同時，別忘了，那些自尊心高的部屬正在旁邊偷偷觀察。因此，當你在責備其他人時，不妨在收尾時多下點工夫，加上一句「當主管連罵都懶得罵時，才叫完蛋」、「罵你，是希望你更好，而且你也能做到更好」等。先讓自尊心較高的部屬，看見主管指導同事的場景後，就不會那麼排斥主管的指導了，甚至還會因主管的關注而感到安心。

視情況裝傻，自尊心高的部屬會效率加倍

向部屬們解釋工作進行方式與資料時，難免會有人不願意認真聽，主管才交代兩句，他就露出已經很了解的態度。遇到這種令人火大的態度時，主管應該要先確認，部屬是否真的了解交辦工作的內容。

「那麼，你打算怎麼做呢？」部屬的知識與經驗當然比不上主管，因此當主管要求說明具體的方法時，肯定會說得結結巴巴，這時主管再柔聲告誡即可，「那我繼續詳細說明，仔細聽，有問題請馬上提出」，這樣的方法，遠比直接大罵「給我認真聽」還要有效。

那麼，假設部屬將主管交辦的工作忘得一乾二淨時，該怎麼辦呢？這時不應直接質問「你為什麼都沒做」，或是大罵「趕快去做」，而是應以輕快的口吻和平常的態度提醒：「之前交代你的工作，麻煩你囉！」如此一來，部屬一定會假裝正在進行中，立即回答：「我今天下班前會完成！」面對自尊心較高的部屬時，不適合咄咄逼人，有時候得留點退路才會有效。

狀況 8

工作能力不錯，但不擅交際

在他發火前，讓他了解有禮比有理更重要！

無論工作內容是什麼，都必須仰賴團隊合作，但是最近有許多年輕上班族，儘管擁有優秀的能力，卻不擅長與他人分工、協調。他們習慣以自己的步調做事，不曉得該怎麼配合團隊，而這類特立獨行的部屬，就會打亂職場的和諧。

能力越好的部屬，越需要「引導」和「關切」

優秀的年輕職員最容易發生的問題，就是不懂得為別人想。例如與合作廠商的負責人談話時，卯起來介紹自家產品的優點，把對方的話都當耳邊風，只在乎自己要表達的事情。

處理客訴時也一樣，總是主張自家公司沒錯，不願傾聽顧客的想法，結果使對方更加生氣。

雖然這些部屬能力優秀，卻因為缺乏人生歷練，不懂得顧慮他人想法。「顧客當然知道你說的沒錯，但是，當你表現出不打算理解他們的態度，顧客就不願意接受你的論點。」因此，**主管應藉此引導部屬學會在工作時「換位思考」**；讓部屬按照自己的步調工作，他會輕鬆許多，但是當部屬必須與他人合作時，仍流露出以自我為中心的態度，就必須教導他觀察情況、與同事或合作夥伴交流的重要性。

此外，越優秀的部屬就越擅於隱藏缺點，因此遇到問題時，會試圖自己解決，不願意找其他人商量，也較容易發生意料之外的行動。

看見這些行為時，主管往往會感到火大：「竟然沒和我報備，就擅自做決定！」這時請告訴自己，這只是因為部屬個性不夠成熟，遇到小挫折使他們亂了陣腳的關係；平常應多加留意部屬狀況，適時詢問：「你還好吧？工作進展得如何了？」不僅讓他知道主管時時關切工作進展，也隨時提供部屬「發問、求助」的機會。

狀況
9

合不來和討人厭的部屬，如何罵？

指令簡短、當下就訓誡，請他現在就改正

每個人都會遇到「意氣相投」或「話不投機」的對象，明知道面對後輩和部屬都該一視同仁，給予公平的指導，但是難免會有幾位自己處不來的人；從部屬的角度來看也一樣，難免會遇到討人厭、個性合不來的主管。

你放大缺點，只會讓他看起來更討厭

沒有人能夠控制自己對他人的喜惡，因此身為主管，應做好心理建設，要求自己「真誠面對自己的工作」。**一旦意識到自己不喜歡部屬的個性，就很容易放大對方的缺點**，進而對各種細節特別敏感，不由自主干涉過多。

如此一來，部屬也會無法信任主管，甚至想盡辦法避開主管，當主管看到如此行

徑時又會動怒，使兩人陷入惡性循環，最後就會演變到難以修復的地步。

為了預防事態演變得如此嚴重，日常工作時就應多挖掘部屬的優點，**越是處不來的人，越應該要求自己了解對方好的一面。**與自己合不來的部屬相處時，最應留意的就是責罵方法，否則很容易引爆平常累積的情緒，最後不僅當事人不再信任主管，連其他同仁也會對主管的領導產生質疑。

最常見的情況，就是主管被負面情緒沖昏頭、不斷地翻舊帳，將日常小事掀出來抱怨，這是能幹的領導者絕不該使用的責罵方法。

當然，也不可以因為和部屬處不來，不知道該跟對方說什麼才好，所以就算看到對方犯錯也不指導。越逃避與部屬相處，就會越增加彼此的不信任感。

因此應先確認在指導、訓誡對方時，自己心底是否帶著憤怒的情緒，有的話就應先暫時離開現場，等心情平靜後，再重新給予指導。

不想聽他狡辯，說完這句話後轉身就走

恢復冷靜之後，即可開始指導部屬。這時，主管應在部屬經過眼前時，若無其事地叫住對方，以突然想到般的態度開口：「對了，A，關於剛才的事情……」不過，說不定部屬根本沒發現自己做錯了，說出「剛才的事情？什麼事情？」這種讓主管更加火冒三丈的回應。

但是這都是預料之內的反應，事前應該做好心理準備，然後將想叮嚀的事情濃縮成一句話：「以後請不要在公開場合說公司壞話，好嗎？」否則訓斥的時間一拉長，就會忍不住想起平常累積的不悅情緒。

如果對方打算解釋時，**可以進一步表達不允許反駁的態度，堵住對方開口的機會，說出「麻煩你改進」之後，就立刻離開現場**。指導自己不喜歡、合不來的部屬時，就應像這樣採取簡單扼要的方式。

合不來的部屬，主管要減少長篇大論

Step 1 放大優點，忽略缺點，他就會越做越好

➜避免自己討厭的情緒放大，只看得見對方的缺點。

Step 2 縮短責罵時間，免得越罵越火

➜時間拉得太長，就會忍不住想起平常累積的不滿

第 6 章

9個高明責備技巧，打造超高效團隊

技巧1

越用力「罵醒」部屬，他進步越快

第一章有談過，無論「責罵技巧」多麼厲害，只要與部屬間的關係不夠穩固，效果就會大打折扣。責罵時，最大的關鍵在於「是否為了對方成長而責罵」，這種心態也是構築信賴關係的重要基礎。

「帶著期許」的責備，激出部屬好表現

經常懷抱著期許部屬成長的心情，自然而然就能構築出彼此間堅定的信賴關係。這並非單純的漂亮話，事實上，當主管真心希望部屬成長時，這樣的心情也會反映在日常言行上。

「我希望部屬能夠繼續進步，但是該怎麼做才好呢？」產生這種疑問時，應先仔細觀察部屬。只要認真觀察部屬的工作狀況，就能得知「他現在遇到了哪些瓶頸」、

「正在想些什麼」、「重視哪些事」等。只要能夠掌握這些情況，自然就知道該使用哪種表達方式，才能影響部屬的想法。

正因為對部屬有所期許，才會想要「罵醒」對方，否則就只是單純的「發洩怒氣」。人類能夠透過表情和遣詞用字察覺他人的心態，因此，**一味情緒化地斥責部屬時，勢必會招惹反感，引發部屬的反抗心態**。或許他們面對主管、前輩時，不會明顯地表現出厭惡感，但是信任感絕對打了折扣。

當部屬無法信任主管，就算他提出了好的建議，部屬也會感到抗拒，無法打從心底反省。當雙方之前擁有堅定的信賴關係時，日後即使嚴厲訓斥，部屬都能夠理解這是「值得感謝的責罵」、「主管是為了激勵自己」，如此一來，未來無論面臨多麼嚴峻的關卡，都能與部屬一起努力跨越。

技巧2

先說優點，他會心甘情願被罵

想要成為值得信賴的前輩、主管，必備條件之一即是「公平、公正」。人們對偏心與不公平特別敏感，儘管能夠給予每位部屬正確的評價，但是只要無法一視同仁的指導，就會喪失部屬與後輩的信賴感。

因此必須格外留意平常對待部屬的方式與用字遣詞，避免讓他感到不平等、不公平。可惜的是，無論主管多麼小心翼翼，仍會有部屬在暗地裡忿忿不平，認為「主管總是對我比較嚴格」、「主管都偏心某位同事」。

好主管請記得留意部屬「優點」

那麼，該怎麼做才好呢？想要「一視同仁」，更正確地來說是想要「讓大家感覺一視同仁」，就必須能夠說出所有部屬的優點，因為「**能說出所有部屬的優點↓平常**

有在仔細觀察、關心每位部屬＝公平、公正的主管」。

如果主管沒有從平時就注意每位部屬的狀況，看見與自己合得來、能力優秀的部屬，就會滿腦子都是他們的優點；反之，看見合不來、能力不好的部屬，就會覺得他們渾身上下充滿了缺點。如此一來，就沒辦法給予公平且正當的評價與指導，部屬們對主管的不滿也會因此擴大。

只要是人，都會有各自的喜好，也會遇到「合得來」與「合不來」的問題，不可能完全屏除這些因素。正因如此，主管更應該努力關心所有部屬，想辦法了解所有人的優點，只要能夠貫徹這種態度，部屬自然也不會覺得「不公平」、「主管偏心」。

技巧3

責備完後，「追蹤」比「道歉」重要

當部屬在公事上發生失誤時，是否只斥責一句「不能這樣」就結束了呢？但是，光是指出失敗與不足處是不夠的，主管必須在當下好好地說明，讓部屬知道「為什麼不行」、「哪個部分不行」。

如果總是在未解釋清楚的情況下開罵，久而久之，部屬就會養成習慣，認為挨罵時只要低頭認錯即可，如此一來，就失去責罵的意義了。日後也會不斷重複著同樣的情況：部屬持續犯下同樣錯誤，主管發現後又再次責罵，導致部屬誤以為「主管刻意找自己麻煩」，使雙方之間的信賴關係瓦解。明明主管由衷期望部屬成長，卻換得這樣的結果，那就太得不償失了。

讓他感覺「為我好」，而不是被「找麻煩」

相反的，只要能夠讓部屬了解挨罵的理由，讓他們知道「是自己做錯事了」，自然就會願意接受主管的指導。如此一來，部屬即會逐漸信賴主管，甚至慢慢地轉變成尊敬。「那位主管說的話都很有道理」、「我很高興主管願意指出我的錯誤」，由此可知，說明責罵的理由並想辦法讓對方接受，是建立信賴關係時不可或缺的條件。接下來要介紹三點能夠讓部屬認同的方式：

❶**主管必須以身作則**➡欲要求部屬「準時」，主管本身也必須守時。

❷**有話直說，不要太多舉例、暗喻**➡必須以具體的敘述方式，依「事實」告知部屬責罵的原因，不可使用過於模糊的言辭。

❸**引導部屬主動思考，自己發現問題點**➡單純由主管告知問題原因，無法讓部屬真正體會，必須舉例引導部屬主動思考，例如：「如果有人寄這種郵件給你，你會怎麼想呢？」

以上三點除了用來教育部屬，運用在其他工作同樣有效，主管們可以在職場上多加活用。

技巧 4

主動分享失敗，拉近與部屬間的距離

當主管準備責罵私下幾乎沒有互動的部屬，與責罵平常就有互動、互相了解個性的部屬時，面臨的困難度截然不同。**對部屬來說，如果與責罵自己的主管關係良好，自然也較能理解責罵背後的苦心。**想降低責罵的門檻，打造出可輕易開口責罵的關係，可以從日常對話開始。

人們本來就容易對平時有互動的人產生親切感，身為主管，更不能用消極的態度，等待部屬前來搭話，必須主動向部屬敞開心胸才行。

因此平常應多找機會關心部屬，從簡單的問候開始，例如「辛苦你了」、「工作還順利吧」、「我先下班囉」、「回家路上小心喔」，如此一來，部屬就會慢慢地感覺到主管並非高高在上，因而產生親近感。

有時讓自己平易近人，責備效果更好

此外，多談談自己遭遇過的挫折，也可拉近雙方距離，例如：「我今天（以前）犯了這種錯誤呢！」只要能夠笑看自己的失誤，自然就能夠炒熱談話氣氛，部屬也較願意主動告訴主管：「其實我也曾發生過這種狀況……」如此一來，雙方就能夠你一言我一語地聊起來。此外，能夠大方說出自己的失敗，也能展現出「已經跨越難關」的從容態度。

相反的，只要部屬沒有主動詢問，就應避免談及自己的成功經歷，試想，你會尊敬老是吹噓自己過往功績的人嗎？還是覺得很不以為然呢？

但是，很多主管為了獲得部屬尊敬與崇拜，往往會不斷提出自己的成功經歷；請注意，好漢不提當年勇，分享自己的失敗談，可以拉近職場距離，但是無用的精神訓話，還是免了吧！

技巧5

部屬主動認錯時，千萬別翻舊帳

很多主管會告訴部屬「有問題隨時找我商量」，但是，回想你自己身為部屬的時候，真的敢任何事情都毫不隱瞞地找主管商量嗎？

擔心讓主管發現自己不拿手的地方，或是怕麻煩主管，因此上班族不太能夠將所有問題都在主管面前攤開來講；此時主管應主動營造出「容易溝通的氛圍」。

不打斷、就事論事，你能掌握更多

關鍵就在於必須贏得部屬的信賴感，讓對方知道「主管能夠理解我的心情」，為了達到這個條件，平常與部屬交流時，就應掌握下列三大原則：❶想辦法問出部屬隱瞞的事情，讓他主動坦白。❷部屬尋求建議時，回應要簡明、扼要。❸傾聽部屬說話時，記得適時點頭、表達附和。

主管們最常犯的錯誤有兩個，一是「部屬還沒說完話就打斷，急著表達自己的意見」，二是「部屬只問了A項目，卻連B項目一起檢討，進而變成冗長的訓話」。各位是否也有過這樣的經驗？明明想好好聆聽部屬的聲音，卻不知不覺變成只有自己在滔滔不絕。

想插嘴時、有很多話想表達時，要提醒自己忍住，只要多幾次這樣的經驗，部屬就會覺得你是可以信任、能隨時商量又不趁機訓話的好主管，便可構築雙方良好的信賴關係。

除了以上兩點常犯錯誤要特別留意，不要亂發脾氣和不要露出煩躁的態度也是重點。主管出現情緒化的舉動時，部屬就會認為「主管很容易發怒」、「真是陰晴不定」，從此再也無法放心找主管商量事情。

沒有人在工作上能做到十全十美，還未習慣工作內容、經驗不足的部屬更是如此，有時還會犯下令主管覺得不可思議的錯誤，這時告訴自己：「人人都會失敗，失敗為成功之母。」或許就能夠消氣了吧？

技巧6

肯低頭的領導者，誰都想追隨

個性率直謙虛的人，容易贏得身邊人的信任，也較容易成長。想幫助這類部屬進步時，主管本身也必須展現出率直謙虛的態度。

看到後輩、部屬擁有自己所欠缺的優點時，應大方地稱讚並向對方學習；發現部屬提出有助於工作的創意點子，就應運用在後續進度上；當自己犯錯時，無論面對誰，都應坦率地反省並道歉。

四種謙遜態度，成為部屬想追隨的上司

當主管展現出謙遜惜才的態度，部屬自然就會將其視為模範。想成為讓部屬更加崇拜、追隨一輩子的主管，你該注意四大表現重點：

❶發現優點，一定要大加讚揚

有些人隨著歷練越深，越不曉得該怎麼向他人請益，但是，謙虛的人只要看到其他人的優點，即使對方是缺乏經驗的部屬，仍會立即學習。

❷反省自我，永遠是第一優先

很多人都堅持自己是對的，錯的都是其他人，但是這樣的想法無法解決任何問題。必須認真審視自己的錯誤，才能找到改善的方法，使自身獲得成長。

當團隊發生問題時，應先反省自己的言行舉止，自問：「難道是因為我那時說了〇〇造成的嗎？」

❸立刻道歉，會更受信賴

有些主管看見他人發生失誤時，都會希望對方道歉、反省，但是當錯誤是自己造成時就不願意承認。因此發現自己的能力有限時，應坦率地承認、道歉，才能夠展現出謙遜的態度，進而贏得他人信賴。

❹隨時有學習目標的人，學到更多

當你開始表現出「自己能力還不錯」的態度時，其他人就會開始避而遠之，最後就無法從他人身上獲得有益的資訊；人外有人，天外有天，即使獲得了極佳的評價，也應為自己設立更棒的模範，如此一來，即可向部屬展現不斷提升自我的積極面貌。

技巧 7

領導部屬，要恩威並施

身為一個領導者，必須讓部屬知道：「無論成果好壞、情節輕重，我都看在眼裡。」這麼做除了能夠贏得信賴感，也可讓人覺得：「這個主管好可怕（這對領導者來說是稱讚）。」想要攀上能夠率領更多部屬的地位，就必須具備這種技能。

不經意的提起小事，他們不敢造次

要讓部屬們感覺「我們的一舉一動，主管都看在眼裡」，其實很簡單，留意以下三點即可：

❶隨時留意部屬們不經意的閒聊

無論是工作還是午休時，都應對部屬的對話保持高度敏感，即使正忙於工作，仍應撥出部分心力聆聽周遭動靜，只要聽到任何不太妙的談話內容，就立刻多費點心思確認情況！

例如，聽到部屬批評顧客、同事時，就應集中精神聽聽對話內容，並在必要時立即提出指導。

❷無論大小事，直接當面稱讚優點

就算成功讓部屬感覺到「你們的一舉一動，我都看在眼裡」，如果總是表現在指正疏失和錯誤上，是無法贏得部屬信賴的。唯有平常也將部屬優點看在眼裡的主管，部屬才願意認真聆聽指導，深刻反省主管指出的錯誤。

主管可以趁著和部屬擦肩而過的瞬間，順口說一句：「我發現你樂觀的態度，讓團隊更有活力了呢！」會議結束後也可稱讚細心的部屬：「你每次都率先幫忙收拾，真的很棒喔！」如此一來，即可讓部屬發現，主管也有將自己的優點看在眼裡。

但是切記不可用誇張的口吻讚美，保持自然、順口一提的態度，就會讓被稱讚的部屬精神百倍、維持好一陣子的工作熱情了。

❸讓部屬以為「主管什麼都知道」

有些部屬會偷偷摸摸地做一些違反公司規則的事，例如「屢屢將公司電話私用」「謊稱要討論公事，卻只是在咖啡廳混水摸魚」、「報公帳買自己想看的書」等。

雖然主管們很難注意到這些行為，但仍應保有「絕對不能姑息」的心態，每當發現不對勁時，就應直接詢問、簡短地訓誡部屬，或是直接用「我知道你做了什麼」的眼神望向部屬，這時心虛的部屬就會認為：「主管其實都知道！」

技巧8

隨意稱讚，容易被當作客套話

希望部屬成長時，就必須重視責罵完後的後續追蹤，其中最有效果的方法就是「稱讚」。「稱讚」比「責罵」容易許多，因此很多人會以為「我只要找個機會、稍加稱讚就行了吧？」但是，這種莫名其妙的稱讚，完全無法促使部屬進步。

不會罵人的主管，連「讚美」都沒說服力

我在演講、座談會時經常談到一個重點，不懂得責罵藝術的人，就算是「稱讚」也打動不了對方。也就是說，當主管平常光是稱讚，卻從不罵人時，被稱讚的人就會感到麻痺，不會在意主管說出的話；反過來說，當主管不是真心認為部屬很棒時，說出口的稱讚話語，也會令人感到懷疑：「他真的這麼想嗎？」

因此，必須等部屬表現出值得稱讚的行為時再開口，才能夠體現出「稱讚的價

值」，**如果不分青紅皂白地出言稱讚，部屬就會覺得只是單純的客套話**。

最理想的狀況，就是發現部屬將工作完成得不錯時，就立即讚賞：「做得好！」如此一來，部屬就會感激主管的認同，未來也會更加認真工作，透過這些例子可以發現，「稱讚」比「責罵」更講究時機。

很多人會將「稱讚」與「責罵」綁在一起思考，誤以為「責罵」後一定得馬上「稱讚」，但是當這樣的模式成為慣例後，就會喪失部屬對主管的信賴感。應該是**針對特定問題「責罵」完後，就要找機會針對改善這個問題的行為加以「稱讚」**。

舉例來說，訓斥完部屬欠缺基本的禮儀時，只要看到對方有所改善，就應立即讚賞。像這樣有頭有尾的做法，才能夠完美發揮「責罵」與「稱讚」的功能。

技巧9

心虛的責備，無法說服任何人

責罵時的自我心理建設很重要，不僅要有自信，態度也要坦蕩無畏。「我不希望被部屬討厭，所以責備時，會用小心翼翼的態度」、「我很怕罵過頭，會讓部屬感到受傷」，在我的演講和座談會的與會者們，經常提出這些責備時的顧慮。

但是，這種態度只會讓挨罵者無法認同挨罵的理由；**畏縮的責罵方法，會令部屬搞不清楚「主管到底想表達什麼」**，部屬需要明確的了解主管責罵的用意，以及對自己表現的期望是什麼。

這件事該不該責備？都是依據主管個人的標準，因此必須讓部屬確實了解自己的價值觀，責備的用語和態度過於保守、畏縮的話，會讓部屬搞不清楚主管的標準，不知道自己做錯什麼。

有時候不小心罵錯時，也不可以因為「上級交代」或「其他人在看」而繼續罵，因為這種想法很容易被看透，沒處理好的話，部屬會在心中默默地看輕主管。

部屬亂說話、沒禮貌，請馬上訓斥

當部屬表現出不符合社會觀感的言行時，或是觸犯了做人最基本的道理時，就應毫不猶豫地嚴厲責罵，要求部屬反省。

舉例來說，當部屬因為不經大腦的話語、欠缺禮儀的態度惹怒客戶時，沒反省就算了，竟然反過來抱怨客戶：「這點小事就生氣，也太龜毛了吧？」「這種沒水準的公司，遲早會倒閉啦！」

這時，主管就必須立刻好好地訓斥部屬：「這是不該有的行為，也是做人最基本的道理！你不反省自己，竟然還批評對方？」部屬會出現這種離譜的言行，很有可能是在進入社會前，沒有人慎重、嚴厲地教導過他這些基本道理，因此透過責備，讓年輕部屬學會正確的價值觀，也是主管的工作之一。

結語

真心責備，才能培養一流人才

近來越來越多「被指正後，死不認錯」的孩子，當老師提醒他們，髮型太標新立異時，這些孩子會回嘴：「和其他人留一樣的髮型，就失去自己的特色了！」提醒他們不能攜帶違禁品時，就會抗議：「干涉我帶什麼東西到校，是侵犯個人隱私權！」這類不願意認錯醒的詭辯，卻有越來越多父母、教師選擇迎合。

責罵，是讓人自省錯誤、得以成長的教育

但是，這些缺乏被指正、責備經驗的孩子，沒機會學習出社會的必備條件，等他們長大成人後又會面臨怎樣的困境呢？相信到時候最痛苦的，就是從未「挨罵」過的本人吧？

年輕人做出脫序的行為，近年時有所聞，我認為，這與他們不常「被罵」的人生

息息相關。許多初入職場的上班族，在面對主管、客戶時，不懂得採用更有禮貌的言辭，平常也不懂得見面時的問候招呼，當主管、前輩提出警告時，他們就會露出不滿的態度，還有人會因為一些小事，就申請留職停薪、甚至辭職。

負責教育部屬（年輕人）的領導者們，面臨這些情況時，總忍不住抱怨：「我不曉得該怎麼教育現在的年輕人！」「我連打聲招呼都得小心翼翼的。」

當我聽到這樣的情況時，只覺得現在的年輕人很可憐。這些不懂自己錯在哪的年輕人，在成長過程中，肯定沒人嚴厲教導他們禮貌、禮儀與待人處事的標準。最後，他們也不知道為什麼，只覺得自己被所有人疏遠，過著不懂得感謝、卻充滿著不平與岔懣的生活。身為主管、前輩，應該在發現部屬犯錯時就立即指正，才能夠改善他們的生活態度。

「教育之目的，就在於使人成為人。」這是德國哲學家康德的名言，這句話的意思是：「人類只是生物的一種，必須透過『教育』，才能夠成為在社會立足的人。」想要讓「人類」變成「人」，「責罵」是不可或缺的教育行為。因此不應將責罵視為壞事，該責罵時也不應躊躇猶豫，唯一該考慮的是「正確的責罵方法」。

曾有段時期很流行「愛的教育」，藉由大量稱讚達到教育效果，這個方法至今仍受到許多人推崇。確實，人們會因為受稱讚而充滿幹勁、提高自尊心，因此「稱讚」同樣也是不可或缺的教育行為。但是，「稱讚」並不足以應付所有狀況，很多事情光靠「稱讚」，無法幫助對方深刻地記起教訓。

「做錯事，一定要道歉」、「不可對他人造成困擾」、「準時」、「必須懷著感謝的心」、「對任何人都應該保持禮貌」等，都是在社會生存必備的規則，就算部屬只是一時疏忽，都必須藉由責罵來教導。

不責罵，其實是「不關心」

近來人們開始將「溫柔的主管」、「不會動怒的主管」，當成理想中的主管。確實，「溫柔」、「理解他人」都是使人際關係更圓滑的重要條件。但是我非常懷疑，這種「溫柔」是否有「考慮到部屬將來」，表現出來的「理解」是否真的有「考慮到部屬成長的歷程」。

實際上，這些主管只是想逃避用責備指導部屬，所以假裝沒看到部屬的缺點、過錯，或是害怕自己干涉太多，會被部屬討厭，索性就忍了下來。無論屬於何者，這種

逃避責罵、指導的態度，以及只想做好表面工夫的心態，就代表他們絲毫不在意部屬的成長。

畢竟，這世界上沒有完美的人，尤其是剛出社會沒多久的年輕人，能力和態度都還很不成熟。每個人都是在不斷的失敗中學習，沒有犯錯，就無法進步。因此應以更坦蕩的態度，大方地告訴部屬：「沒有失敗，就沒有成長！」如此一來，部屬一定能夠了解「責備」的重要性。希望各位能夠透過本書，了解「責備」對於帶領、指導部屬有多麼重要。

最後，我要在此誠摯感謝在執筆本書時，給予諸多協助的Diamond社中村明博。看見中村先生以充滿年輕活力的熱情與誠懇態度，認真投入工作的模樣，讓我感受到現代年輕人的可貴之處，不僅讓我更加相信年輕一輩的能力，也對我自己產生了良好的啟發，故藉此處鄭重致上我的謝意。

此外，也由衷希望翻開本書的讀者們，能夠更有自信地領導、教育部屬，非常感謝各位願意讀到最後。

特別附錄

一百個不傷感情的責備金句

1 部屬犯錯時，讓他重新振作

01

接下來才是真正的挑戰，好好加油吧！

當部屬因失敗而沮喪時，提醒他沒有時間難過了，要趕快振作！

02

跨越這次難關，就能看見你的機會！

當部屬因為接踵而來的問題感到疲憊時，藉此鼓舞他，給他撐下去的勇氣。

03

只要這麼做的話，對方應該就能接受了。

當部屬與客戶之間出狀況時，在提示解決問題的方向後，稍微安撫部屬心情。

04

你只要改善這一點，就夠了！

藉此強調你的責罵只是針對犯錯行為，並非完全否定他。

05
我能理解你想做好這份工作的心情。
當部屬因求好心切而犯錯時，應認同其對工作的熱情，在責罵的同時給予鼓勵。

06
真正優秀的人，不會糾結在小事上。
當部屬抱怨同事或工作內容，可藉此暗示「我認為你很棒」，因此不該被小事困住。

07
如果我對你沒有期望，就不會罵你了。
讓部屬了解主管「愛之深，責之切」的心情。

08
每個人都有不小心犯錯的時候。
讓部屬知道主管在責罵的同時，也能夠理解「每個人都可能失敗」，藉此緩和緊繃的氣氛。

09
現在是你職涯中的關鍵時刻。
責備部屬的同時，也要為他打氣，很適合用於正在成長中的部屬身上。

10

我們一起想辦法吧！

只會責備失誤，無法讓部屬信服，主管要表現出同舟共濟的態度。

11

你先冷靜下來！別慌張。

當部屬因失誤而腦中一片空白時，主管就必須負責穩定部屬的情緒。

12

別擔心，我們一定有辦法解決。

當部屬資歷尚淺時，容易擔心一些小事，請表現出主管的從容和自信。

13

不要因為一次挫折，看輕自己！

當部屬經歷多次失敗後，開始喪失自信、嫌自己沒用時，可以藉由較嚴厲的語氣說出這句話，避免他一蹶不振。

14

最近的工作狀況，還順利吧？

當部屬最近看起來很沮喪時，一定要主動搭話，製造可以和主管商量的機會。

15

會有這個結果，都是我的責任。

當主管表現出自責時，部屬會更自覺要深刻反省，而主管負責的態度也能夠贏得部屬信賴。

16

這件工作，你一定可以輕鬆完成。

當個性認真的部屬過於追求完美時，要引導他放輕鬆。

17

大家都很擔心你，不要獨自煩惱。

自尊心較高、自認能力好的部屬，遇到困擾時往往會一個人苦吞，這時必須主動表達關心，以免他鑽牛角尖。

18

你的想法很棒，下次再努力！

讓部屬知道，即使這次成果不佳，但是主管很認同他積極的想法。

19

只要能夠改善這點，一定能夠進步的！

有所期許的部屬屢屢犯錯時，主管應直接告知「如何改進」。

20 以前，我也曾經失敗過。

責備自尊心高的部屬，可以用自己的失敗經驗，拉近距離並降低他的反抗心。

21 我知道，你已經很努力了。

責備時，主管適時表現出「我一直都在注意你的表現」，部屬會降低被罵的不安。

2 讓散漫、被動、叛逆的部屬動起來

22 你想的和我一樣，太好了！

比起命令，引導部屬主動去做，最後加上這句話，可以確保他的執行度。

23 你認為，原因是什麼呢？

當部屬沒有反省時，很容易重蹈覆轍，這句話暗示他「主動反省」。

24 如果是你，接下來該怎麼做呢？

當部屬總是被動地聽令行事，就無法成長，因此，即使部屬的能力還不足，仍必須讓他試著自行思考解決方案。

25 說說看，你要從哪裡開始改進？

責罵完後，要幫助部屬回頭檢視自己，才能實際改善。

26

我想說的話，你應該都知道吧？

讓部屬學會解讀「主管的期望」是什麼。

27

你知道這次的問題出在哪裡吧？

讓部屬自己發現失誤的地方，找出導致錯誤的原因。

28

我之前把這件事情交給你了，對吧？

藉此提醒部屬，要儘快且確實地做好交辦工作。

29

你說說看！現在該怎麼辦？

當部屬因為疏忽或行事便宜造成他人困擾，或是可能會引發更大的問題時，就必須採用較誇張的語氣。

30

我之前交代過的事情，麻煩你處理囉！

希望部屬能夠確實執行交辦工作時，如果對進度緊迫盯人，會使部屬覺得主管不信任自己，所以必須委婉提醒。

31

如果你能幫我……，就太好了。

當主管下達有些強人所難的指令時，用「請幫我忙」取代「去做這個」，即可避免引發部屬反感。

32

我在等你回報進度喔！

發現部屬可能忘記執行先前交辦的工作時，可藉此暗示他。

33

不好意思，打斷你們一下。

當部屬在上班時聊得忘我，已經影響到其他人，即可藉此施加壓力，暗示對方停止。

34

你不用勉強，沒關係。

當部屬明顯不想接某個工作時，可以故意用反話激起部屬的不安，有機會獲得不錯的效果。

35

我懂你的想法，但是請別只是嘴上說說。

專門訓斥總是誇誇其談，卻沒有實際行動的部屬。

3 激勵左右手、有實力的部屬

36
你能力很好！不能照常發揮就太可惜了。
很多部屬因為缺乏自信而影響表現，故應藉此激勵這類部屬。

37
我相信，這件事情你能做好。
希望失誤的部屬能夠克服困難、繼續成長時，主管必須表達信任。

38
別讓這種小事打敗你！
面對已經很難過、自責的部屬時，雖然不用責罵、他就會自省並成長，但是仍須適時激勵。

39

因為是你，我才會講這些。

想培養得力助手，難免要求較高、言詞較嚴厲，這句話能讓他感覺自己被賦予厚望，減少被責罵的挫折。

40

真難得，你竟然也會出這種錯……

主管在警告部屬不可粗心大意的同時，也肯定部屬原有的實力。

41

這個領域是你拿手的，對吧？

部屬沒有自信、做事遲疑不決時，用這句話鼓舞並建立他的信心。

42

我相信你，一定可以做好！

無論面對什麼困難，主管說出這句話表達認可，部屬都會全力以赴。

43

你不像是會被小挫折打敗的人。

部屬的未來大有可為，遭受短暫的挫折時，主管必須表達自己的期許。

44

我很看好你喔！

主管表達自己有所期待，就算部屬挨罵了，仍能坦然接受，並想回應這種期許。

45

這種工作，我只能交給你了。

讓部屬覺得自己特別受主管信賴，有機會發揮超越實力的表現；日後就算受到主管嚴厲訓斥，也能夠坦然接受。

46

你根本還沒盡全力吧？

讓部屬知道，當他因敷衍了事而發生問題時，主管很清楚原因。

47

不是有你盯著嗎？為什麼還會這樣？

專門用在得力助手身上，就算是嚴厲的責罵，卻也同時表達了信任。

48

我才不會花時間罵庸才。

主管覺得罵過頭時，可用這句話收尾，技巧性地安撫部屬。

49

好好做，別讓我失望。

除了表達出主管對部屬的期待，還可暗示：「我相信你會做好。」

50

我看人一向很準，你沒問題的。

希望部屬負起責任、貫徹始終地做好工作時，這句話的效果奇佳。

4 責備後接這句話，部屬一定會成長

51
責任我來扛，你放手去做。

指示完畢後，主管可說這句話要求部屬全力以赴，不過記得要有負全責的心理準備。

52
我的話，就說到這裡。

當部屬表現出明顯的反抗態度時，訓詞應簡明扼要，避免時間拉太長。

53
別再糾結這件事了！

懊惱已經發生的事情沒意義，讓部屬拋開這次失敗，下次再全力以赴。

54
接下來，就交給你自己思考了。

主管一個口令一個動作，部屬就無法成長，應視情況下放部分決定權。

55

把目標訂高一點吧！

主管可藉此表達：嚴厲的指導或責罵，都是期許部屬成長。

56

你能理解我的心情吧？

責備、指導結束後，若部屬露出忿忿不平的表情，或是態度顯得浮躁時，主管可藉這句話表達自己的心情。

57

這一切，都會讓你變得更好。

處理失誤帶來的問題，對身心都是一種折磨；這句話可以激勵部屬，並稱讚他付出的心力。

58

和團隊一起完成這份工作！

面對總是一個人擔起工作，或是過於重視個人表現的部屬時，應在指導結束後強調團隊合作的精神。

59

以後要記得，謹慎沒有壞處。

藉此提醒部屬，下一次別再重複相同的錯誤。

60
如果我真的判斷錯誤，請隨時告訴我。

和部屬就公事展開爭論後，若主管堅持己見，也別忘了表現出願意接受部屬意見的態度。

61
我要很嚴肅的說……

平易近人的主管說出這句話，代表「必要時就會嚴肅以待」的態度。

62
別還沒動手，就想著失敗，放手去做吧！

帶點嚴厲感的激勵手法，能夠讓部屬更有動力做好工作。

63
下班之前，請把這件事情完成。

明確指示部屬，現在交辦的工作必須儘快做完。

64
我對這方面的要求是很嚴格的。

主管先明說自己注重的方向，提醒部屬格外注意。

65

無論如何，我會在背後支持你的。

在各種形式的指導（責備）結束後，主管別忘了表達對部屬的支持。

66

下次記得活用這次學到的經驗和教訓。

鼓勵部屬別怕失敗，那是讓自己成長的、獨一無二的力量。

67

就像我剛剛說的，後續就麻煩你了。

當部屬反抗、不願意聽從主管指導時，請直接接拋出這句話，代表「這是命令」並結束對話的強硬態度。

5 罵不出口，如何有效開口？

68 **虧我那麼相信你，竟然……**
部屬的表現不符期待時，這句話同時表現難過，以及不允許期望被辜負的態度。

69 **或許我是太挑剔了，但是……**
除了表達「我期待你未來可以表現得更好」，也讓部屬帶著正面心情接受責備。

70 **記得之前有提過，不過還是再跟你確認一下。**
已經告誡好幾次，卻未見改善時，這句話暗示「希望你能快點改善」，又不會使場面太難看。

71 **若有任何情況，隨時可以找我商量。**
主管下放決定權時，必須告訴部屬：「重要事項仍應向主管報告後再決定。」

72

我覺得很遺憾。

讓部屬發現自己辜負了主管的期待，自然就會強烈反省自己的行為。

73

你能幫我確認原因嗎？

引導部屬去發現為何犯錯，才能夠認清自己有哪些不足，進而深刻反省。

74

這樣的做法，可能會引起對方的誤會。

暗示部屬採取的做法不夠恰當、周延，給予改善的方向。

75

如果你願意和我討論，會對事情有很大的幫助。

比起強迫部屬說出想法，不如改用溫和的語氣，讓他暢所欲言。

76

你能幫我再確認一次嗎？

當主管發現部屬做事馬虎輕率而造成失誤，應藉此使其徹底反省，減少再次發生的機會。

77

這樣真的沒問題了嗎？

對部屬提出的方案有疑慮，要求改善重提案之前，先說這一句。

78

你能助我一臂之力嗎？

面對自尊心較高的部屬時，比起命令句，不如用請求協助的疑問句。

79

不讓你做這件事情，簡直是在浪費才能。

部屬對交辦事項心懷抗拒，這句褒獎的回應，讓他無法拒絕。

80

有什麼意見的話，請盡量提出來。

和年長的部屬意見不合時，委婉的拒絕，比直接說「不」聰明。

81

沒有您的協助，就無法成功。

希望自己的主管積極一點時，必須強調同仁們「有多仰賴主管」。

82

希望你能夠成為其他職員的榜樣。

希望部屬改善工作態度、行事風格時，這句話會讓他自動改善。

6 找藉口、唱反調，你要更強硬

83
有什麼意見，儘管說出來。
讓部屬知道，無論他有多不滿，主管的態度將不為所動。

84
你的努力，會白費工夫啊！
部屬能力優秀，卻態度不佳，提醒他除了會做事，也要會做人。

85
你的態度，讓你無法獲得真正的評價。
部屬抱怨自己不受重視，主管正好可以告訴他，正是滿腹牢騷掩蓋了他的優點。

86
被誤會的話就糟了。
能力優秀的部屬難免會自滿，主管得提醒他，如果不會做人，一展長才的舞台就會漸漸消失。

87

這只是你個人的看法吧？

提醒部屬，世界上有各種看法與做法，必須對其抱持尊重態度。

88

我說這些話，是為了你好。

指導部屬時，他露出不願接受的態度，在對話結束前告訴對方自己的苦心。

89

你認為只靠自己，就能完成這份工作嗎？

讓每一位部屬了解，每一份工作都是仰賴團隊合作，不可以輕忽。

90

你以為，自己每件事情都能夠做得盡善盡美嗎？

有些部屬過於自信，認為其他同事都不如自己，這時主管必須嚴格訓斥。

91

你有想過其他同事會怎麼想嗎？

無法自覺缺點的部屬，主管必須提出警告，不可凡事我行我素。

92

在我講完之前，認真聽！

主管在指導部屬時，要堅持自己上對下的態度，即使對方露出抗拒、不遜的樣子，該講的話仍應堅持講完。

93

你繼續用這種態度，我談不下去！

因為部屬的態度而感到怒火中燒時，拋下這句話後就轉身離去，藉此表達出主管強烈的怒氣，也避免事態更加嚴重。

94

如果其他人也對你這麼做，你會怎麼想？

要求部屬從他人角度思考，體會被失禮行為惹惱的心情。

95

你應該先認真聽聽對方的想法。

當部屬總是堅持自己的主張時，要教導他要有聆聽不同聲音的器量。

96

這是成年人該有的態度嗎？

當部屬的言行態度過於失禮時，就必須當下直接訓斥。

97

聽我說話時，請你站好！

指導部屬時，若對方表現出蠻不在乎的態度，就必須先糾正對方的儀態。

98

我可不這麼認為。

指導部屬時，如果聽到頂嘴狡辯，就必須立刻回應「你說的不對」！

99

剛剛那些話，你再說一次。

有些部屬會脫口說出情緒化的言論，這時應冷靜地反問，明確表達主管不允許這種不理性的討論。

100

真奇怪，你說話前後矛盾喔！

當部屬企圖說謊、掩蓋失誤，主管要能聽出話中的矛盾，追問出真相。

翻轉學　翻轉學系列 057

好主管就該學的不傷感情責罵術

關鍵時刻，56 個不動氣的責備技巧，打造士氣高、效率驚人的優質團隊【暢銷新裝版】

叱って伸ばせるリーダーの心得 56

作　　者　中嶋郁雄
譯　　者　黃筱涵
總 編 輯　何玉美
主　　編　林俊安
責任編輯　袁于善
封面設計　張天薪
內文排版　許貴華

出版發行　采實文化事業股份有限公司
行銷企畫　陳佩宜・黃于庭・馮羿勳・蔡雨庭・陳豫萱
業務發行　張世明・林踏欣・林坤蓉・王貞玉・張惠屏
國際版權　王俐雯・林冠妤
印務採購　曾玉霞
會計行政　王雅蕙・李韶婉・簡佩鈺
法律顧問　第一國際法律事務所　余淑杏律師
電子信箱　acme@acmebook.com.tw
采實官網　www.acmebook.com.tw
采實臉書　www.facebook.com/acmebook01

I S B N　978-986-507-284-1
定　　價　320 元
二版一刷　2021 年 4 月
劃撥帳號　50148859
劃撥戶名　采實文化事業股份有限公司
10457 台北市中山區南京東路二段 95 號 9 樓
電話：（02）2511-9798　傳真：（02）2571-3298

國家圖書館出版品預行編目資料

好主管就該學的不傷感情責罵術：關鍵時刻，56 個不動氣的責備技巧，打造士氣高、效率驚人的優質團隊【暢銷新裝版】/ 中嶋郁雄著；黃筱涵譯 . -- 台北市：采實文化，2021.04
224 面；14.8×21 公分 . --（翻轉學系列；57）
譯自：叱って伸ばせるリーダーの心得 56
ISBN（平裝）978-986-507-284-1
1. 管理者 2. 人事管理
494.23　110002145

叱って伸ばせるリーダーの心得 56
Shikatte Nobaseru Leader no Kokoroe 56

采實出版集團
ACME PUBLISHING GROUP

翻轉學

翻轉學